4年

実力アップ 計算 練習ノート

計算力がぐんぐんのびる！

このふろくは
すべての教科書に対応した
全教科書版です。

JN096298

年	組	名前

「計算練習ノート」はとりはずして使用できます。

とく点

時間 **20** 分

/100点

1 整数のかけ算 (1)

◆ 計算をしましょう。　　　　　　　　　　　　　　1つ6〔54点〕

① 234×955　　　② 383×572　　　③ 748×409

④ 586×603　　　⑤ 121×836　　　⑥ 692×247

⑦ 965×164　　　⑧ 491×357　　　⑨ 878×729

♥ 計算をしましょう。　　　　　　　　　　　　　　1つ6〔36点〕

⑩ 6700×70　　　⑪ 850×250　　　⑫ 990×450

⑬ 720×520　　　⑭ 190×300　　　⑮ 500×650

♠ 1本195mL入りのかんジュースが288本あります。ジュースは全部
で何L何mLありますか。　　　　　　　　　　　　1つ5〔10点〕

式

答え（　　　　　　　　　）

2

2 整数のかけ算 (2)

◆ 計算をしましょう。

1つ6〔54点〕

① 802×458
② 146×360
③ 792×593

④ 504×677
⑤ 985×722
⑥ 488×233

⑦ 625×853
⑧ 366×949
⑨ 294×107

♥ 計算をしましょう。

1つ6〔36点〕

⑩ 3200×50
⑪ 460×730
⑫ 460×680

⑬ 210×140
⑭ 5900×20
⑮ 9300×80

♠ 1500mL の水が入ったペットボトルが 240 本あります。水は全部で何L ありますか。

1つ5〔10点〕

式

答え (　　　　　　　　)

3 1けたでわるわり算 (1)

◆ 計算をしましょう。　　　　　　　　　　　　　　　　　　　1つ5〔30点〕

① 80÷4　　　② 140÷7　　　③ 240÷8

④ 900÷3　　　⑤ 600÷6　　　⑥ 150÷5

♥ 計算をしましょう。　　　　　　　　　　　　　　　　　　　1つ5〔30点〕

⑦ 48÷2　　　⑧ 76÷4　　　⑨ 75÷5

⑩ 84÷6　　　⑪ 72÷3　　　⑫ 91÷7

♠ 計算をしましょう。　　　　　　　　　　　　　　　　　　　1つ5〔30点〕

⑬ 79÷7　　　⑭ 58÷5　　　⑮ 65÷6

⑯ 86÷4　　　⑰ 31÷2　　　⑱ 46÷3

♣ 96cm のテープの長さは、8cm のテープの長さの何倍ですか。1つ5〔10点〕

式

答え (　　　　　　　　)

とく点

/100点

4 **1けたでわるわり算 (2)**

◆ 計算をしましょう。　　　　　　　　　　　　　　　　　　　　　1つ5〔30点〕

❶ 90÷3　　　　　❷ 360÷6　　　　　❸ 720÷9

❹ 800÷2　　　　　❺ 210÷7　　　　　❻ 320÷4

♥ 計算をしましょう。　　　　　　　　　　　　　　　　　　　　　1つ5〔30点〕

❼ 68÷4　　　　　❽ 90÷6　　　　　❾ 92÷4

❿ 84÷7　　　　　⓫ 56÷4　　　　　⓬ 90÷5

♠ 計算をしましょう。　　　　　　　　　　　　　　　　　　　　　1つ5〔30点〕

⓭ 67÷3　　　　　⓮ 78÷7　　　　　⓯ 53÷5

⓰ 61÷4　　　　　⓱ 82÷5　　　　　⓲ 47÷3

♣ 75ページの本を、1日に6ページずつ読みます。全部読み終わるには
何日かかりますか。　　　　　　　　　　　　　　　　　　　　　1つ5〔10点〕

式

答え (　　　　　　　　　)

5 **1けたでわるわり算 (3)**

時間 **20** 分

とく点

/100点

◆ 計算をしましょう。　　　　　　　　　　　　　　　　　1つ6〔54点〕

① 462÷3　　　② 740÷5　　　③ 847÷7

④ 936÷9　　　⑤ 654÷6　　　⑥ 540÷5

⑦ 224÷8　　　⑧ 357÷7　　　⑨ 132÷4

♥ 計算をしましょう。　　　　　　　　　　　　　　　　　1つ6〔36点〕

⑩ 845÷6　　　⑪ 925÷4　　　⑫ 641÷2

⑬ 473÷9　　　⑭ 269÷3　　　⑮ 372÷8

♠ 赤いリボンの長さは、青いリボンの長さの4倍で、524cm です。青い
リボンの長さは何cm ですか。　　　　　　　　　　　　　1つ5〔10点〕

式

答え (　　　　　　　　)

6 1けたでわるわり算(4)

時間 20分

◆ 計算をしましょう。

1つ6〔54点〕

① 912÷6

② 741÷3

③ 504÷4

④ 968÷8

⑤ 756÷7

⑥ 836÷4

⑦ 189÷7

⑧ 315÷9

⑨ 546÷6

♥ 計算をしましょう。

1つ6〔36点〕

⑩ 767÷5

⑪ 970÷6

⑫ 914÷3

⑬ 612÷8

⑭ 244÷3

⑮ 509÷9

♠ 285cm のテープを 8cm ずつ切ります。8cm のテープは何本できますか。

1つ5〔10点〕

式

答え (　　　　　　　　)

7 2けたでわるわり算 (1)

時間 20分

とく点

/100点

◆ 計算をしましょう。

1つ6〔36点〕

① 240÷30

② 360÷60

③ 450÷50

④ 170÷40

⑤ 530÷70

⑥ 620÷80

♥ 計算をしましょう。

1つ6〔54点〕

⑦ 88÷22

⑧ 75÷15

⑨ 68÷17

⑩ 91÷19

⑪ 78÷26

⑫ 84÷29

⑬ 63÷25

⑭ 92÷16

⑮ 72÷23

♠ 57本の輪ゴムがあります。18本ずつ束にしていくと、何束できて何本あまりますか。

1つ5〔10点〕

式

答え (　　　　　　　　　　　　　　)

8　2けたでわるわり算(2)

とく点

時間 **20**分

/100点

◆ 計算をしましょう。

1つ6〔90点〕

① 91÷13

② 84÷14

③ 93÷31

④ 78÷26

⑤ 80÷16

⑥ 58÷17

⑦ 83÷15

⑧ 99÷24

⑨ 76÷21

⑩ 87÷36

⑪ 92÷32

⑫ 73÷22

⑬ 68÷12

⑭ 86÷78

⑮ 75÷43

♥ 89本のえん筆を、34本ずつふくろに分けます。全部のえん筆をふくろに入れるには、何ふくろいりますか。

1つ5〔10点〕

式

答え (　　　　　)

9 2けたでわるわり算 (3)

とく点

時間 20分

/100点

◆ 計算をしましょう。

1つ6〔90点〕

① 119÷17

② 488÷61

③ 504÷72

④ 634÷76

⑤ 439÷59

⑥ 353÷94

⑦ 924÷84

⑧ 378÷27

⑨ 952÷56

⑩ 748÷34

⑪ 630÷42

⑫ 286÷13

⑬ 877÷25

⑭ 975÷41

⑮ 888÷73

♥ 785mL の牛にゅうを、95mL ずつコップに入れます。全部の牛にゅうを入れるにはコップは何こいりますか。

1つ5〔10点〕

式

答え (　　　　　　　)

10 2けたでわるわり算 (4)

時間 20分

とく点

/100点

◆ 計算をしましょう。

1つ6〔90点〕

① 272÷68

② 891÷99

③ 609÷87

④ 441÷97

⑤ 280÷53

⑥ 927÷86

⑦ 496÷16

⑧ 936÷39

⑨ 546÷42

⑩ 648÷54

⑪ 874÷23

⑫ 780÷30

⑬ 783÷65

⑭ 889÷28

⑮ 532÷40

♥ 900 このあめを、75 まいのふくろに等分して入れると、1 ふくろ分は何こになりますか。

1つ5〔10点〕

式

答え (　　　　　　　　)

11 けた数の大きいわり算 (1)

とく点

/100点

◆ 計算をしましょう。　　　　　　　　　　　　　　　　　　　　1つ6〔54点〕

① 6750÷50　　　② 8228÷68　　　③ 7476÷21

④ 8456÷28　　　⑤ 8908÷17　　　⑥ 9943÷61

⑦ 2774÷73　　　⑧ 2256÷24　　　⑨ 4332÷57

♥ 計算をしましょう。　　　　　　　　　　　　　　　　　　　　1つ6〔36点〕

⑩ 7880÷32　　　⑪ 9750÷56　　　⑫ 5839÷43

⑬ 1680÷19　　　⑭ 4185÷44　　　⑮ 3200÷38

♠ 6700円で1こ76円のおかしは何こ買えますか。　　　1つ5〔10点〕

式

答え (　　　　　　　　)

12 けた数の大きいわり算 (2)

●勉強した日　　月　　日

とく点

時間 20分

/100点

◆ 計算をしましょう。

1つ6〔54点〕

① 638÷319

② 735÷598

③ 936÷245

④ 2616÷218

⑤ 8216÷632

⑥ 9638÷564

⑦ 3825÷425

⑧ 4600÷758

⑨ 5328÷669

♥ 計算をしましょう。

1つ6〔36点〕

⑩ 4500÷900

⑪ 5400÷600

⑫ 6700÷400

⑬ 7200÷500

⑭ 39000÷800

⑮ 86000÷700

♠ 2900mL のジュースを 300mL ずつびんに入れます。全部のジュース
を入れるには、びんは何本いりますか。

1つ5〔10点〕

式

答え (　　　　　　　)

13

13 式と計算 (1)

とく点

/100点

◆ 計算をしましょう。　　　　　　　　　　　　　　　　　1つ6〔60点〕

① 120−(72−25)　　　　　② 85+(65−39)

③ 7×8+4×2　　　　　　　④ 7−(8−4)÷2

⑤ 7−8÷4×2　　　　　　　⑥ 7−(8−4÷2)

⑦ 7×(8−4)÷2　　　　　　⑧ (7×8−4)×2

⑨ 25×5−12×9　　　　　　⑩ 78÷3+84÷6

♥ くふうして計算しましょう。　　　　　　　　　　　　1つ5〔30点〕

⑪ 59+63+27　　　　　　　⑫ 24+9.2+1.8

⑬ 54+48+46　　　　　　　⑭ 3.7+8+6.3

⑮ 20×37×5　　　　　　　⑯ 25×53×4

♠ 1本50円のえん筆が125本入っている箱を、8箱買いました。全部で、代金はいくらですか。　　　　　　　　　　　　　　　1つ5〔10点〕

式

答え (　　　　　　　　　　　)

14 式と計算 (2)

◆ 計算をしましょう。 　　　　　　　　　　　　　　　　　　　1つ5〔40点〕

① $75-(28+16)$

② $90-(54-26)$

③ $2×7+16÷4$

④ $150÷(30÷6)$

⑤ $4×(3+9)÷6$

⑥ $3+(32+17)÷7$

⑦ $45-72÷(15-7)$

⑧ $(14-20÷4)+4$

♥ くふうして計算しましょう。 　　　　　　　　　　　　　　1つ6〔48点〕

⑨ $38+24+6$

⑩ $4.6+8.7+5.4$

⑪ $28×25×4$

⑫ $5×23×20$

⑬ $39×8×125$

⑭ $96×5$

⑮ $9×102$

⑯ $999×8$

♠ 色紙が280まいあります。1人に12まいずつ16人に配ると、残り
は何まいになりますか。 　　　　　　　　　　　　　　　　　1つ6〔12点〕

式

答え（　　　　　　　　　　）

15 小数のたし算とひき算 (1)

時間 20分

とく点

/100点

◆ 計算をしましょう。　　　　　　　　　　　　　　　　　　　　1つ5〔40点〕

① 1.92+2.03

② 0.79+2.1

③ 2.31+0.92

④ 2.33+1.48

⑤ 0.24+0.16

⑥ 1.69+2.83

⑦ 1.76+3.47

⑧ 1.82+1.18

♥ 計算をしましょう。　　　　　　　　　　　　　　　　　　　　1つ5〔50点〕

⑨ 3.84−1.13

⑩ 1.75−0.3

⑪ 1.63−0.54

⑫ 1.49−0.79

⑬ 2.85−2.28

⑭ 2.7−1.93

⑮ 4.23−3.66

⑯ 1.27−0.98

⑰ 2.18−0.46

⑱ 3−1.52

♠ 1本のリボンを2つに切ったところ、2.25mと1.8mになりました。
リボンははじめ何mありましたか。　　　　　　　　　　　　1つ5〔10点〕

式

答え（　　　　　　　　）

16 小数のたし算とひき算 (2)

時間 20 分

とく点

/100点

◆ 計算をしましょう。　　　　　　　　　　　　　　　　　　1つ5〔50点〕

① 0.62＋0.25　　　　　　② 2.56＋4.43

③ 0.8＋2.11　　　　　　④ 3.83＋1.1

⑤ 0.15＋0.76　　　　　　⑥ 2.71＋0.98

⑦ 3.29＋4.31　　　　　　⑧ 1.27＋4.85

⑨ 5.34＋1.46　　　　　　⑩ 2.07＋3.93

♥ 計算をしましょう。　　　　　　　　　　　　　　　　　　1つ5〔40点〕

⑪ 4.46－1.24　　　　　　⑫ 0.62－0.2

⑬ 2.72－0.41　　　　　　⑭ 3.26－1.16

⑮ 4.28－1.32　　　　　　⑯ 5.4－2.35

⑰ 4.71－2.87　　　　　　⑱ 1－0.83

♠ 3.4 L の水のうち、2.63 L を使いました。水は何 L 残っていますか。

式　　　　　　　　　　　　　　　　　　　　　　1つ5〔10点〕

答え （　　　　　　　）

17 小数のたし算とひき算 (3)

時間 20分

とく点

/100点

◆ 計算をしましょう。　　　　　　　　　　　　　　　　　　　　1つ5〔40点〕

① 3.26＋5.48

② 0.57＋0.46

③ 0.44＋6.58

④ 7.56＋5.64

⑤ 0.67＋0.73

⑥ 3.72＋4.8

⑦ 0.78＋6.3

⑧ 10.44＋5.06

♥ 計算をしましょう。　　　　　　　　　　　　　　　　　　　　1つ5〔50点〕

⑨ 7.43－3.56

⑩ 6.04－0.78

⑪ 16.36－4.7

⑫ 8.25－7.67

⑬ 1.8－0.48

⑭ 10.3－9.45

⑮ 31.7－0.76

⑯ 2.3－2.24

⑰ 9－5.36

⑱ 2－0.94

♠ 赤いリボンの長さは 2.3 m、青いリボンの長さは 1.64 m です。長さは何 m ちがいますか。　　　　　　　　　　　　　　　　　　1つ5〔10点〕

式

答え (　　　　　　　　　　　　)

18 がい数

とく点

時間 **20**分

/100点

◆ □にあてはまる数を書きましょう。　　　　　　　　　　1つ4〔28点〕

① 34592 を百の位で四捨五入すると [　　　　　] です。

② 43556 を四捨五入して、百の位までのがい数にすると [　　　　　] です。

③ 63449 を四捨五入して、上から2けたのがい数にすると [　　　　　]
です。

④ 百の位で四捨五入して 51000 になる整数のはんいは、

[　　　　　] 以上 [　　　　　] 以下です。

⑤ 四捨五入して千の位までのがい数にしたとき 30000 になる整数のはん
いは、[　　　　　] 以上 [　　　　　] 未満です。

♥ それぞれの数を四捨五入して千の位までのがい数にして、和や差を見積
もりましょう。　　　　　　　　　　　　　　　　　　　　1つ9〔36点〕

⑥ 38755＋2983

⑦ 12674＋45891

⑧ 69111－55482

⑨ 93445－76543

♠ それぞれの数を四捨五入して上から1けたのがい数にして、積や商を見
積もりましょう。　　　　　　　　　　　　　　　　　　　1つ9〔36点〕

⑩ 521×129

⑪ 1815×3985

⑫ 3685÷76

⑬ 93554÷283

19 面積

◆ □にあてはまる数を書きましょう。　　　　　　　　1つ6〔30点〕

① たてが16cm、横が22cmの長方形の面積は ⬚ cm² です。

② たてが13m、横が17mの長方形の面積は ⬚ m² です。

③ たてが4km、横が8kmの長方形の面積は ⬚ km² です。

④ 1辺が40mの正方形の面積は ⬚ a です。

⑤ たてが200m、横が150mの長方形の面積は ⬚ ha です。

♥ □にあてはまる数を書きましょう。　　　　　　　　1つ5〔10点〕

⑥ 面積が576cm²で、たての長さが18cmの長方形の横の長さは ⬚ cm です。

⑦ 面積が100cm²の正方形の1辺の長さは ⬚ cm です。

♠ □にあてはまる数を書きましょう。　　　　　　　　1つ6〔60点〕

⑧ 70000cm² = ⬚ m²

⑨ 33000m² = ⬚ a

⑩ 900000m² = ⬚ ha

⑪ 19000000m² = ⬚ km²

⑫ 48m² = ⬚ cm²

⑬ 27a = ⬚ m²

⑭ 89a = ⬚ cm²

⑮ 53ha = ⬚ m²

⑯ 34km² = ⬚ m²

⑰ 75000a = ⬚ ha

 小数と整数のかけ算(1)

 とく点

/100点

◆ 計算をしましょう。　　　　　　　　　　　1つ5〔45点〕

① 1.2×3　　② 6.2×4　　③ 0.5×9

④ 0.6×5　　⑤ 4.4×8　　⑥ 3.7×7

⑦ 2.83×2　　⑧ 0.19×6　　⑨ 5.75×4

♥ 計算をしましょう。　　　　　　　　　　　1つ5〔45点〕

⑩ 3.9×38　　⑪ 6.7×69　　⑫ 7.3×27

⑬ 8.64×76　　⑭ 4.25×52　　⑮ 5.33×81

⑯ 4.83×93　　⑰ 8.95×40　　⑱ 6.78×20

♠ 53人に7.49mずつロープを配ります。ロープは何mいりますか。

式　　　　　　　　　　　　　　　　　1つ5〔10点〕

答え（　　　　　　　）

21

21 小数と整数のかけ算 (2)

時間 20分

とく点

/100点

◆ 計算をしましょう。

1つ5〔45点〕

① 3.4×2

② 9.1×6

③ 0.9×7

④ 7.4×5

⑤ 5.6×4

⑥ 1.03×3

⑦ 4.71×9

⑧ 0.24×4

⑨ 2.65×8

♥ 計算をしましょう。

1つ5〔45点〕

⑩ 9.7×86

⑪ 8.4×48

⑫ 1.7×66

⑬ 6.03×54

⑭ 2.88×15

⑮ 7.05×22

⑯ 3.16×91

⑰ 5.72×43

⑱ 4.87×70

♠ 毎日 2.78km の散歩をします。1 か月（30 日）では何 km 歩くことになりますか。

1つ5〔10点〕

式

答え（　　　　　　　　　）

22 小数と整数のわり算 (1)

時間 **20**分

◆ わりきれるまで計算しましょう。　　　　　　　　　　　　1つ6〔54点〕

① 8.8÷4　　　　② 9.8÷7　　　　③ 7.2÷8

④ 22.2÷3　　　　⑤ 16.8÷4　　　　⑥ 34.8÷12

⑦ 13.2÷22　　　　⑧ 19÷5　　　　⑨ 21÷24

♥ 商は一の位まで求め、あまりもだしましょう。　　　　　1つ6〔18点〕

⑩ 79.5÷3　　　　⑪ 31.2÷7　　　　⑫ 47.8÷21

♠ 商は四捨五入して、$\frac{1}{10}$ の位までのがい数で求めましょう。　1つ6〔18点〕

⑬ 29÷3　　　　⑭ 47÷7　　　　⑮ 90.9÷12

♣ 50.3m のロープを 23 人で等分すると、1 人分はおよそ何 m になりますか。答えは四捨五入して、$\frac{1}{10}$ の位までのがい数で求めましょう。1つ5〔10点〕

式

答え（　　　　　　　　　　）

23 小数と整数のわり算 (2)

時間 20分

とく点

/100点

◆ わりきれるまで計算しましょう。　　　　　　　　　　　　1つ6〔54点〕

① 4.24÷2

② 3.68÷4

③ 0.84÷21

④ 0.305÷5

⑤ 8.32÷32

⑥ 91÷28

⑦ 26.22÷19

⑧ 53.04÷26

⑨ 2.96÷37

♥ 商は$\frac{1}{10}$の位まで求め、あまりもだしましょう。　　　　1つ6〔18点〕

⑩ 28.22÷3

⑪ 2.85÷9

⑫ 111.59÷27

♠ 商は四捨五入して、上から2けたのがい数で求めましょう。　　1つ6〔18点〕

⑬ 5.44÷21

⑭ 21.17÷17

⑮ 209÷23

♣ 320Lの水を、34 この入れ物に等分すると、1こ分はおよそ何Lに
なりますか。答えは四捨五入して、上から2けたのがい数で求めましょう。

式　　　　　　　　　　　　　　　　　　　　　　　　　1つ5〔10点〕

答え (　　　　　　　　　　)

24 分数のたし算とひき算 (1)

時間 20分

とく点

/100点

◆ 計算をしましょう。

1つ5〔40点〕

① $\dfrac{2}{7} + \dfrac{4}{7}$

② $\dfrac{5}{9} + \dfrac{6}{9}$

③ $\dfrac{3}{8} + \dfrac{5}{8}$

④ $\dfrac{4}{3} + \dfrac{5}{3}$

⑤ $\dfrac{8}{6} - \dfrac{7}{6}$

⑥ $\dfrac{7}{5} - \dfrac{3}{5}$

⑦ $\dfrac{9}{7} - \dfrac{2}{7}$

⑧ $\dfrac{11}{4} - \dfrac{3}{4}$

♥ 計算をしましょう。

1つ6〔48点〕

⑨ $\dfrac{3}{8} + 2\dfrac{4}{8}$

⑩ $1\dfrac{7}{9} + \dfrac{4}{9}$

⑪ $\dfrac{5}{7} + 4\dfrac{2}{7}$

⑫ $1\dfrac{1}{5} + 3\dfrac{3}{5}$

⑬ $3\dfrac{5}{6} - \dfrac{4}{6}$

⑭ $4\dfrac{1}{9} - \dfrac{5}{9}$

⑮ $6 - 3\dfrac{2}{5}$

⑯ $5\dfrac{3}{4} - 2\dfrac{2}{4}$

♠ 油が $1\dfrac{3}{8}$ L あります。そのうち $\dfrac{6}{8}$ L を使いました。油は何 L 残っていますか。

1つ6〔12点〕

式

答え (　　　　　　　　)

25

25 分数のたし算とひき算 (2)

とく点

/100点

◆ 計算をしましょう。 1つ5〔40点〕

① $\dfrac{3}{5}+\dfrac{2}{5}$

② $\dfrac{4}{6}+\dfrac{10}{6}$

③ $\dfrac{13}{9}+\dfrac{4}{9}$

④ $\dfrac{8}{3}+\dfrac{4}{3}$

⑤ $\dfrac{11}{8}-\dfrac{3}{8}$

⑥ $\dfrac{12}{7}-\dfrac{10}{7}$

⑦ $\dfrac{9}{2}-\dfrac{5}{2}$

⑧ $\dfrac{11}{4}-\dfrac{7}{4}$

♥ 計算をしましょう。 1つ6〔48点〕

⑨ $3\dfrac{1}{4}+1\dfrac{1}{4}$

⑩ $4\dfrac{5}{8}+\dfrac{5}{8}$

⑪ $\dfrac{4}{5}+2\dfrac{4}{5}$

⑫ $3\dfrac{4}{7}+2\dfrac{5}{7}$

⑬ $3\dfrac{5}{6}-1\dfrac{4}{6}$

⑭ $2\dfrac{1}{3}-\dfrac{2}{3}$

⑮ $7\dfrac{6}{8}-2\dfrac{7}{8}$

⑯ $4-1\dfrac{3}{9}$

♠ バケツに $2\dfrac{2}{6}$ L の水が入っています。さらに $1\dfrac{5}{6}$ L の水を入れると、バケツには全部で何 L の水が入っていることになりますか。 1つ6〔12点〕

式

答え（　　　　　　　　）

26 分数のたし算とひき算 (3)

とく点

時間 20分

/100点

◆ 計算をしましょう。　　　　　　　　　　　　　　　　1つ5〔40点〕

① $\dfrac{6}{9} + \dfrac{8}{9}$

② $\dfrac{9}{7} + \dfrac{3}{7}$

③ $\dfrac{11}{4} + \dfrac{10}{4}$

④ $\dfrac{7}{3} + \dfrac{8}{3}$

⑤ $\dfrac{8}{6} - \dfrac{3}{6}$

⑥ $\dfrac{9}{8} - \dfrac{6}{8}$

⑦ $\dfrac{17}{2} - \dfrac{5}{2}$

⑧ $\dfrac{14}{5} - \dfrac{7}{5}$

♥ 計算をしましょう。　　　　　　　　　　　　　　　　1つ6〔48点〕

⑨ $2\dfrac{1}{3} + 5\dfrac{1}{3}$

⑩ $2\dfrac{1}{2} + 3\dfrac{1}{2}$

⑪ $5\dfrac{3}{5} + 3\dfrac{4}{5}$

⑫ $1\dfrac{5}{8} + 4\dfrac{4}{8}$

⑬ $4\dfrac{8}{9} - 1\dfrac{4}{9}$

⑭ $3\dfrac{3}{6} - 1\dfrac{5}{6}$

⑮ $2\dfrac{2}{7} - 1\dfrac{3}{7}$

⑯ $6 - 2\dfrac{3}{4}$

♠ 家から駅まで $3\dfrac{7}{10}$ km あります。いま、$1\dfrac{2}{10}$ km 歩きました。残りの道のりは何km ですか。　　　　　　　　　　　1つ6〔12点〕

式

答え (　　　　　　　　　　　)

27 4年のまとめ (1)

◆ 計算をしましょう。わり算は商を整数で求め、わりきれないときはあまりもだしましょう。

1つ6〔90点〕

① 296×347

② 408×605

③ 360×250

④ 62÷3

⑤ 270÷6

⑥ 812÷4

⑦ 704÷7

⑧ 80÷16

⑨ 92÷24

⑩ 174÷29

⑪ 400÷48

⑫ 684÷19

⑬ 558÷186

⑭ 861÷17

⑮ 900÷109

♠ カードが560まいあります。35まいずつ束にしていくと、何束できますか。

1つ5〔10点〕

式

答え (　　　　　　　　　)

28 4年のまとめ (2)

◆ 計算をしましょう。わり算は、わりきれるまでしましょう。　　1つ6〔72点〕

① 2.54＋0.48　　　② 0.36＋0.64　　　③ 3.6＋0.47

④ 5.32－4.54　　　⑤ 12.4－2.77　　　⑥ 8－4.23

⑦ 17.3×14　　　⑧ 3.18×9　　　⑨ 6.74×45

⑩ 61.2÷18　　　⑪ 52÷16　　　⑫ 5.4÷24

♥ 計算をしましょう。　　1つ4〔16点〕

⑬ $\dfrac{4}{5}+2\dfrac{3}{5}$　　　　　⑭ $3\dfrac{2}{9}+4\dfrac{5}{9}$

⑮ $3\dfrac{3}{7}-\dfrac{6}{7}$　　　　　⑯ $4-2\dfrac{3}{4}$

♠ 40.5mのロープがあります。このロープを切って7mのロープをつくるとき、7mのロープは何本できて何mあまりますか。　　1つ6〔12点〕

式

答え (　　　　　　　　　　　)

答え

1
① 223470　② 219076
③ 305932　④ 353358
⑤ 101156　⑥ 170924
⑦ 158260　⑧ 175287
⑨ 640062　⑩ 469000
⑪ 212500　⑫ 445500
⑬ 374400　⑭ 57000
⑮ 325000
式 195×288＝56160
答え 56 L 160mL

2
① 367316　② 52560
③ 469656　④ 341208
⑤ 711170　⑥ 113704
⑦ 533125　⑧ 347334
⑨ 31458　⑩ 160000
⑪ 335800　⑫ 312800
⑬ 29400　⑭ 118000
⑮ 744000
式 1500×240＝360000
答え 360 L

3
① 20　② 20　③ 30　④ 300
⑤ 100　⑥ 30　⑦ 24　⑧ 19
⑨ 15　⑩ 14　⑪ 24　⑫ 13
⑬ 11あまり2　⑭ 11あまり3
⑮ 10あまり5　⑯ 21あまり2
⑰ 15あまり1　⑱ 15あまり1
式 96÷8＝12　答え 12倍

4
① 30　② 60　③ 80　④ 400
⑤ 30　⑥ 80　⑦ 17　⑧ 15
⑨ 23　⑩ 12　⑪ 14　⑫ 18
⑬ 22あまり1　⑭ 11あまり1
⑮ 10あまり3　⑯ 15あまり1
⑰ 16あまり2　⑱ 15あまり2
式 75÷6＝12あまり3　12＋1＝13
答え 13日

5
① 154　② 148　③ 121
④ 104　⑤ 109　⑥ 108

⑦ 28　⑧ 51　⑨ 33
⑩ 140あまり5　⑪ 231あまり1
⑫ 320あまり1　⑬ 52あまり5
⑭ 89あまり2　⑮ 46あまり4
式 524÷4＝131　答え 131cm

6
① 152　② 247　③ 126
④ 121　⑤ 108　⑥ 209
⑦ 27　⑧ 35　⑨ 91
⑩ 153あまり2　⑪ 161あまり4
⑫ 304あまり2　⑬ 76あまり4
⑭ 81あまり1　⑮ 56あまり5
式 285÷8＝35あまり5　答え 35本

7
① 8　② 6　③ 9
④ 4あまり10　⑤ 7あまり40
⑥ 7あまり60　⑦ 4　⑧ 5
⑨ 4　⑩ 4あまり15　⑪ 3
⑫ 2あまり26　⑬ 2あまり13
⑭ 5あまり12　⑮ 3あまり3
式 57÷18＝3あまり3
答え 3束できて3本あまる。

8
① 7　② 6　③ 3　④ 3　⑤ 5
⑥ 3あまり7　⑦ 5あまり8
⑧ 4あまり3　⑨ 3あまり13
⑩ 2あまり15　⑪ 2あまり28
⑫ 3あまり7　⑬ 5あまり8
⑭ 1あまり8　⑮ 1あまり32
式 89÷34＝2あまり21
2＋1＝3　答え 3ふくろ

9
① 7　② 8　③ 7
④ 8あまり26　⑤ 7あまり26
⑥ 3あまり71　⑦ 11　⑧ 14
⑨ 17　⑩ 22　⑪ 15
⑫ 22　⑬ 35あまり2
⑭ 23あまり32　⑮ 12あまり12
式 785÷95＝8あまり25
8＋1＝9　答え 9こ

⑩ ❶ 4　　❷ 9　　❸ 7
❹ 4あまり53　❺ 5あまり15
❻ 10あまり67　❼ 31　❽ 24
❾ 13　　❿ 12　　⓫ 38
⓬ 26　　⓭ 12あまり3
⓮ 31あまり21　⓯ 13あまり12
式 900÷75＝12　　　答え 12こ

⑪ ❶ 135　❷ 121　❸ 356
❹ 302　❺ 524　❻ 163
❼ 38　❽ 94　❾ 76
❿ 246あまり8　⓫ 174あまり6
⓬ 135あまり34　⓭ 88あまり8
⓮ 95あまり5　⓯ 84あまり8
式 6700÷76＝88あまり12
　　　　　　　　答え 88こ

⑫ ❶ 2　　　　❷ 1あまり137
❸ 3あまり201　❹ 12
❺ 13　　　　❻ 17あまり50
❼ 9　　　　❽ 6あまり52
❾ 7あまり645　❿ 5　　⓫ 9
⓬ 16あまり300　⓭ 14あまり200
⓮ 48あまり600　⓯ 122あまり600
式 2900÷300＝9あまり200
　9＋1＝10　　　　答え 10本

⑬ ❶ 73　❷ 111　❸ 64　❹ 5
❺ 3　❻ 1　❼ 14　❽ 104
❾ 17　❿ 40　⓫ 149
⓬ 35　⓭ 148　⓮ 18
⓯ 3700　⓰ 5300
式 50×125×8＝50000
　　　　　　答え 50000円

⑭ ❶ 31　❷ 62　❸ 18　❹ 30
❺ 8　❻ 10　❼ 36　❽ 13
❾ 68　❿ 18.7　⓫ 2800
⓬ 2300　⓭ 39000　⓮ 480
⓯ 918　⓰ 7992
式 280－12×16＝88　答え 88まい

⑮ ❶ 3.95　❷ 2.89　❸ 3.23

❹ 3.81　❺ 0.4　❻ 4.52
❼ 5.23　❽ 3　❾ 2.71
❿ 1.45　⓫ 1.09　⓬ 0.7
⓭ 0.57　⓮ 0.77　⓯ 0.57
⓰ 0.29　⓱ 1.72　⓲ 1.48
式 2.25＋1.8＝4.05　　答え 4.05m

⑯ ❶ 0.87　❷ 6.99　❸ 2.91
❹ 4.93　❺ 0.91　❻ 3.69
❼ 7.6　❽ 6.12　❾ 6.8
❿ 6　⓫ 3.22　⓬ 0.42
⓭ 2.31　⓮ 2.1　⓯ 2.96
⓰ 3.05　⓱ 1.84　⓲ 0.17
式 3.4－2.63＝0.77　　答え 0.77L

⑰ ❶ 8.74　❷ 1.03　❸ 7.02
❹ 13.2　❺ 1.4　❻ 8.52
❼ 7.08　❽ 15.5　❾ 3.87
❿ 5.26　⓫ 11.66　⓬ 0.58
⓭ 1.32　⓮ 0.85　⓯ 30.94
⓰ 0.06　⓱ 3.64　⓲ 1.06
式 2.3－1.64＝0.66　　答え 0.66m

⑱ ❶ 35000　❷ 43600　❸ 63000
❹ 50500、51499
❺ 29500、30500　❻ 42000
❼ 59000　❽ 14000　❾ 16000
❿ 50000　⓫ 8000000
⓬ 50　⓭ 300

⑲ ❶ 352　❷ 221　❸ 32　❹ 16
❺ 3　❻ 32　❼ 10　❽ 7
❾ 330　❿ 90　⓫ 19
⓬ 480000　⓭ 2700
⓮ 89000000　⓯ 530000
⓰ 34000000　⓱ 750

20
① 3.6 ② 24.8 ③ 4.5
④ 3 ⑤ 35.2 ⑥ 25.9
⑦ 5.66 ⑧ 1.14 ⑨ 23
⑩ 148.2 ⑪ 462.3 ⑫ 197.1
⑬ 656.64 ⑭ 221 ⑮ 431.73
⑯ 449.19 ⑰ 358 ⑱ 135.6
式 7.49×53＝396.97　答え 396.97m

21
① 6.8 ② 54.6 ③ 6.3
④ 37 ⑤ 22.4 ⑥ 3.09
⑦ 42.39 ⑧ 0.96 ⑨ 21.2
⑩ 834.2 ⑪ 403.2 ⑫ 112.2
⑬ 325.62 ⑭ 43.2 ⑮ 155.1
⑯ 287.56 ⑰ 245.96 ⑱ 340.9
式 2.78×30＝83.4　答え 83.4km

22
① 2.2 ② 1.4 ③ 0.9 ④ 7.4
⑤ 4.2 ⑥ 2.9 ⑦ 0.6 ⑧ 3.8
⑨ 0.875 ⑩ 26あまり1.5
⑪ 4あまり3.2 ⑫ 2あまり5.8
⑬ 9.7 ⑭ 6.7 ⑮ 7.6
式 50.3÷23＝2.18…　答え 約2.2m

23
① 2.12 ② 0.92 ③ 0.04
④ 0.061 ⑤ 0.26 ⑥ 3.25
⑦ 1.38 ⑧ 2.04 ⑨ 0.08
⑩ 9.4あまり0.02 ⑪ 0.3あまり0.15
⑫ 4.1あまり0.89
⑬ 0.26 ⑭ 1.2 ⑮ 9.1
式 320÷34＝9.4…　答え 約9.4L

24
① $\frac{6}{7}$ ② $\frac{11}{9}\left(1\frac{2}{9}\right)$ ③ 1
④ 3 ⑤ $\frac{1}{6}$ ⑥ $\frac{4}{5}$ ⑦ 1
⑧ 2 ⑨ $2\frac{7}{8}\left(\frac{23}{8}\right)$ ⑩ $2\frac{2}{9}\left(\frac{20}{9}\right)$
⑪ 5 ⑫ $4\frac{4}{5}\left(\frac{24}{5}\right)$ ⑬ $3\frac{1}{6}\left(\frac{19}{6}\right)$
⑭ $3\frac{5}{9}\left(\frac{32}{9}\right)$ ⑮ $2\frac{3}{5}\left(\frac{13}{5}\right)$ ⑯ $3\frac{1}{4}\left(\frac{13}{4}\right)$
式 $1\frac{3}{8}-\frac{6}{8}=\frac{5}{8}$　答え $\frac{5}{8}$ L

25 ① 1 ② $\frac{14}{6}\left(2\frac{2}{6}\right)$ ③ $\frac{17}{9}\left(1\frac{8}{9}\right)$

④ 4 ⑤ 1 ⑥ $\frac{2}{7}$ ⑦ 2
⑧ 1 ⑨ $4\frac{2}{4}\left(\frac{18}{4}\right)$ ⑩ $5\frac{2}{8}\left(\frac{42}{8}\right)$
⑪ $3\frac{3}{5}\left(\frac{18}{5}\right)$ ⑫ $6\frac{2}{7}\left(\frac{44}{7}\right)$ ⑬ $2\frac{1}{6}\left(\frac{13}{6}\right)$
⑭ $1\frac{2}{3}\left(\frac{5}{3}\right)$ ⑮ $4\frac{7}{8}\left(\frac{39}{8}\right)$ ⑯ $2\frac{6}{9}\left(\frac{24}{9}\right)$
式 $2\frac{2}{6}+1\frac{5}{6}=4\frac{1}{6}\left(\frac{25}{6}\right)$
答え $4\frac{1}{6}$ L $\left(\frac{25}{6}\text{L}\right)$

26
① $\frac{14}{9}\left(1\frac{5}{9}\right)$ ② $\frac{12}{7}\left(1\frac{5}{7}\right)$ ③ $\frac{21}{4}\left(5\frac{1}{4}\right)$
④ 5 ⑤ $\frac{5}{6}$ ⑥ $\frac{3}{8}$ ⑦ 6
⑧ $\frac{7}{5}\left(1\frac{2}{5}\right)$ ⑨ $7\frac{2}{3}\left(\frac{23}{3}\right)$ ⑩ 6
⑪ $9\frac{2}{5}\left(\frac{47}{5}\right)$ ⑫ $6\frac{1}{8}\left(\frac{49}{8}\right)$ ⑬ $3\frac{4}{9}\left(\frac{31}{9}\right)$
⑭ $1\frac{4}{6}\left(\frac{10}{6}\right)$ ⑮ $\frac{6}{7}$ ⑯ $3\frac{1}{4}\left(\frac{13}{4}\right)$
式 $3\frac{7}{10}-1\frac{2}{10}=2\frac{5}{10}\left(\frac{25}{10}\right)$
答え $2\frac{5}{10}$ km $\left(\frac{25}{10}\text{km}\right)$

27
① 102712 ② 246840
③ 90000 ④ 20あまり2
⑤ 45 ⑥ 203 ⑦ 100あまり4
⑧ 5 ⑨ 3あまり20 ⑩ 6
⑪ 8あまり16 ⑫ 36 ⑬ 3
⑭ 50あまり11 ⑮ 8あまり28
式 560÷35＝16　答え 16束

28
① 3.02 ② 1 ③ 4.07
④ 0.78 ⑤ 9.63 ⑥ 3.77
⑦ 242.2 ⑧ 28.62 ⑨ 303.3
⑩ 3.4 ⑪ 3.25 ⑫ 0.225
⑬ $3\frac{2}{5}\left(\frac{17}{5}\right)$ ⑭ $7\frac{7}{9}\left(\frac{70}{9}\right)$
⑮ $2\frac{4}{7}\left(\frac{18}{7}\right)$ ⑯ $1\frac{1}{4}\left(\frac{5}{4}\right)$
式 40.5÷7＝5あまり5.5
答え 5本できて5.5mあまる。

「小学教科書ワーク・
数と計算」で、
さらに練習しよう！

わくわく シール

まんてん シール

★1日の学習がおわったら、チャレンジシールをはろう。
★実力はんていテストがおわったら、まんてんシールをはろう。

チャレンジ シール

計算のじゅんじょ

ふつうは、左から順に計算する

（　）のある式では、（　）の中をひとまとまりとみて、先に計算する。

$$4+(3+2)=4+5$$
$$=9$$

$$9-(6-2)=9-4$$
$$=5$$

式の中のかけ算やわり算は、たし算やひき算より先に計算する。

$$2+3\times4=2+12$$
$$=14$$

$$12-6\div2=12-3$$
$$=9$$

① （　）の中のかけ算やわり算　② （　）の中のたし算やひき算
③ かけ算やわり算の計算　④ たし算やひき算の計算

$$4\times(9-2\times3)=4\times(9-6)$$
$$=4\times3$$
$$=12$$

まずは（　）の中を考えるんだね。

$$3+(8\div2+5)=3+(4+5)$$
$$=3+9$$
$$=12$$

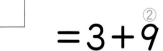

計算のきまり

きまり①　まとめてかけても、ばらばらにかけても答えは同じ。

$$(\blacksquare+\bullet)\times\blacktriangle=\blacksquare\times\blacktriangle+\bullet\times\blacktriangle$$
$$(\blacksquare-\bullet)\times\blacktriangle=\blacksquare\times\blacktriangle-\bullet\times\blacktriangle$$

$$102\times25$$
$$=(100+2)\times25$$
$$=100\times25+2\times25$$
$$=2500+50$$
$$=2550$$

$$99\times8$$
$$=(100-1)\times8$$
$$=100\times8-1\times8$$
$$=800-8$$
$$=792$$

きまり②　たし算・かけ算は、入れかえても答えは同じ。

$$\blacksquare+\bullet=\bullet+\blacksquare \qquad \blacksquare\times\bullet=\bullet\times\blacksquare$$

$$3+4=7$$
$$4+3=7$$

$$3\times4=12$$
$$4\times3=12$$

たし算とかけ算だけができるんだ。

$$4-3\ {\large✖}\ 3-4$$
$$4\div3\ {\large✖}\ 3\div4$$

← ひき算・わり算は入れかえられない。

きまり③　たし算・かけ算は、計算のじゅんじょをかえても答えは同じ。

$$(\blacksquare+\bullet)+\blacktriangle=\blacksquare+(\bullet+\blacktriangle) \qquad (\blacksquare\times\bullet)\times\blacktriangle=\blacksquare\times(\bullet\times\blacktriangle)$$

$$(48+94)+6=48+(94+6)$$
$$=48+100$$
$$=148$$

$$(7\times25)\times4=7\times(25\times4)$$
$$=7\times100$$
$$=700$$

$$(7-3)-2\ {\large✖}\ 7-(3-2)$$
$$(16\div4)\div2\ {\large✖}\ 16\div(4\div2)$$

← ひき算・わり算は入れかえられない。

面積・分数

算 数 4年

教科書ワーク

面 積

正方形の面積＝ 1辺 × 1辺

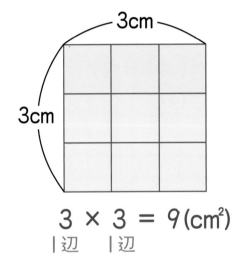

3 × 3 = 9 (cm²)

1辺　1辺

長方形の面積＝ たて × 横

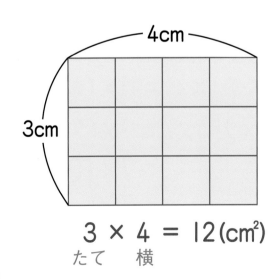

3 × 4 = 12 (cm²)

たて　　横

面積の単位

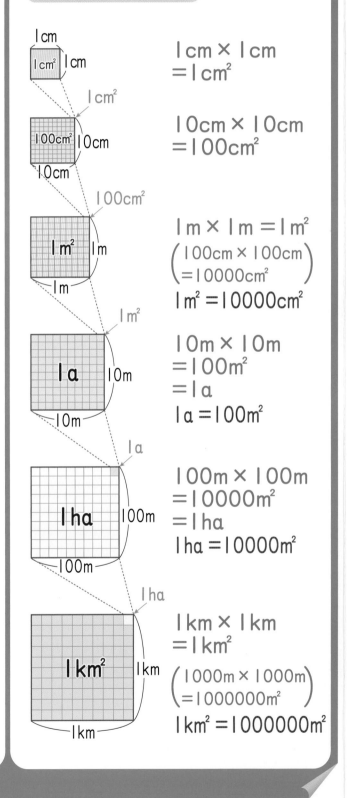

1cm × 1cm
=1cm²

10cm × 10cm
=100cm²

1m × 1m = 1m²
(100cm × 100cm
=10000cm²)
1m² =10000cm²

10m × 10m
=100m²
=1a
1a =100m²

100m × 100m
=10000m²
=1ha
1ha =10000m²

1km × 1km
=1km²
(1000m × 1000m
=1000000m²)
1km² =1000000m²

分数の大きさ

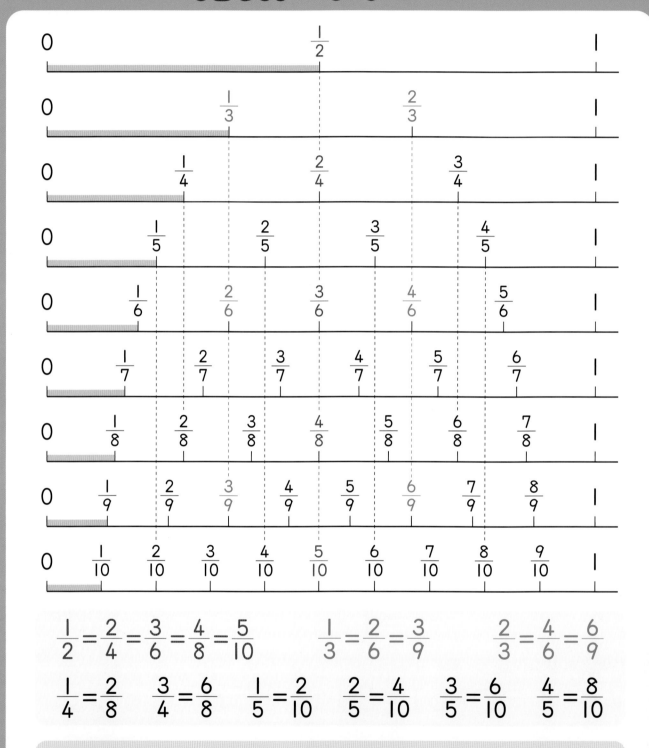

$\frac{1}{2} = \frac{2}{4} = \frac{3}{6} = \frac{4}{8} = \frac{5}{10}$　　$\frac{1}{3} = \frac{2}{6} = \frac{3}{9}$　　$\frac{2}{3} = \frac{4}{6} = \frac{6}{9}$

$\frac{1}{4} = \frac{2}{8}$　$\frac{3}{4} = \frac{6}{8}$　$\frac{1}{5} = \frac{2}{10}$　$\frac{2}{5} = \frac{4}{10}$　$\frac{3}{5} = \frac{6}{10}$　$\frac{4}{5} = \frac{8}{10}$

分子が同じ分数は、分母が大きいほど小さい！

$\frac{1}{2} > \frac{1}{3} > \frac{1}{4} > \frac{1}{5} > \frac{1}{6} > \frac{1}{7} > \frac{1}{8} > \frac{1}{9} > \frac{1}{10}$

教科書ワーク算数4年折込み表

教科書ワーク もくじ

大日本図書版 算数4年

  コードを読みとって、下の番号の動画を見てみよう。

勉強した日　月　日

学習の目標・
変わり方の様子を、見やすくわかりやすく表せるようにしよう。

おわったらシールをはろう

① 折れ線グラフの読み方　② 折れ線グラフのかき方　③ 折れ線グラフとぼうグラフ

きほんのワーク

教科書　16〜26ページ　答え　1ページ

きほん 1　折れ線グラフの読み方がわかりますか。

☆右のグラフを見て、答えましょう。

❶　午前 11 時の気温は何℃ですか。

❷　気温の変わり方が一番大きかったのは、何時と何時の間ですか。

❸　気温が一番高かったのは、何時ですか。また、それは何℃ですか。

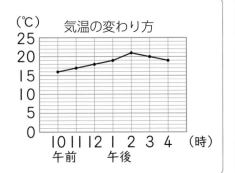

（℃）気温の変わり方

とき方　上のようなグラフを折れ線グラフといいます。折れ線グラフは、線のかたむきで変わり方がわかります。

気温のように、変わっていくものの様子を表すときには、**折れ線グラフ**を使うよ。

❶　午前 11 時の気温は、11 時のところの点を横に見て □ ℃です。

❷　線のかたむきが一番急なのは、午後 □ 時と午後 □ 時の間です。

❸　一番高いところにある点を、たてに見て午後 □ 時、横に見て □ ℃です。

たいせつ

折れ線グラフでは、線のかたむきで変わり方がわかります。また、線のかたむきが急であるほど、変わり方が大きいことを表しています。

上がる　変わらない　下がる
（ふえる）　　　　　（へる）

答え ❶ □ ℃

❷ 午後 □ 時と午後 □ 時の間

❸ 午後 □ 時 □ ℃

1 右のグラフを見て答えましょう。

📖教科書 16ページ1

❶　たてのじくの 1 目もりは何℃を表していますか。　（　　　　　）

❷　気温が一番高かったのは、何時ですか。また、何℃ですか。
（　　　　，　　　　）

❸　気温の下がり方が一番大きかったのは、何時と何時の間ですか。　（　　　　　）

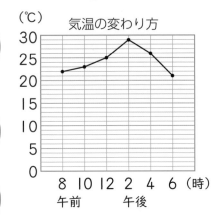

（℃）気温の変わり方

2つのものの変わる様子をくらべるときは、1つのグラフ用紙に 2 本の折れ線グラフをかくこともあるよ。

☆ 下の表は、ある町の 1 年間の気温の変わり方を月ごとに調べたものです。これを折れ線グラフに表しましょう。

1年間の気温の変わり方

月	1	2	3	4	5	6	7	8	9	10	11	12
気温(℃)	0	2	6	10	16	22	26	24	20	14	8	4

1年間の気温の変わり方

とき方 折れ線グラフは次のようにかきます。

1　横のじくに、はかった月をとり、目もりが表す数と単位を書く。

2　たてのじくに、気温をとり、一番高い [　　　] と一番低い [　　　] が表せるように、目もりが表す数と単位を書く。

3　それぞれの月の気温を表すところに点をうち、順に [　　　] でつなぐ。

4　表題を書く。

答え　左の問題に記入

---

2 たけるさんは、午前8時から午後5時までの気温の変わり方を調べました。

1日の気温の変わり方

時こく(時)	午前8	9	10	11	12	午後1	2	3	4	5
気温(℃)	13	14	15	16	18	21	21	20	18	16

気温の変わり方を表す折れ線グラフを、下のグラフ用紙にかきましょう。

📖 教科書　22ページ**1**　24ページ**2**

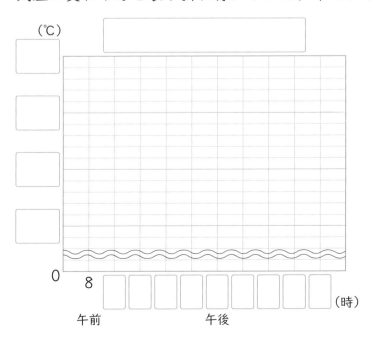

折れ線グラフでは、左のグラフのように、〰 を使って、目もりのとちゅうを省いて1℃の間かくを大きくとると、変わり方が見やすくなるよ。

ポイント　身のまわりにある、ともなって変わる 2 つの量を見つけて、折れ線グラフに表したり、グラフから変わり方の特ちょうを読み取れるようにしましょう。

④ 表

きほんのワーク

きほん 1 記録を見やすく整理するしかたがわかりますか。

☆右の表は、みさきさんの学校で、1か月にけがをした人を記録したものです。これを、けがの種類と場所の2つに目をつけて、下の表にまとめなおします。下の表を完成させましょう。

けがの種類と場所　　　　　（人）

場所＼けがの種類	校庭	教室	ろうか	体育館	合計
すりきず	正		0	0	
打ぼく	正 4		0		8
切りきず	T 2			0	10
ねんざ		0	0		
合計					

けが調べ（6月）

組	けがの種類	場所	組	けがの種類	場所
4	切りきず	校庭	2	打ぼく	体育館
2	打ぼく	校庭	1	切りきず	教室
2	打ぼく	校庭	4	打ぼく	体育館
3	すりきず	教室	3	切りきず	ろうか
1	打ぼく	体育館	1	すりきず	教室
2	切りきず	校庭	4	すりきず	校庭
4	すりきず	校庭	2	すりきず	校庭
3	打ぼく	校庭	1	ねんざ	ろうか
4	切りきず	教室	3	すりきず	校庭
2	ねんざ	体育館	4	切りきず	教室
3	すりきず	教室	2	打ぼく	校庭
4	切りきず	教室	2	すりきず	教室
3	切りきず	ろうか	1	すりきず	校庭
1	切りきず	教室	4	ねんざ	体育館
1	打ぼく	体育館	2	すりきず	校庭
2	すりきず	教室	1	切りきず	教室

とき方 上の表では、1つのことがらをたてに、もう1つのことがらを横にとっています。たとえば、打ぼくを校庭でした人は、それぞれのことがらをたてと横で見て、交わったところに書くので□人です。また、切りきずをした人の合計は□人です。

数えるときは、「正」の字を書いて調べると便利だよ。

答え 上の表に記入

1 **きほん1** の右側の表を、けがをした場所と組の2つについて、右の表にまとめましょう。また、けがをした人が一番多いのは何組ですか。 📖教科書 28ページ１２

けがをした場所と組　　　　（人）

場所＼組	1	2	3	4	合計
校庭					
教室					
ろうか					
体育館					
合計					

（　　　　　　）

 日本では、数を数えるときに「正」の字を書くけれど、アメリカでは|を使って、1、2、3、4を数え、5つめが横線になるよ。3→||| 5→||||　9→|||||||||

☆下の表は、まさきさんのはんの人たち 8 人について、足かけ上がりとさか上がりができるかできないかを調べたものです。この結果^{けっか}を整理して、右のような表にまとめましょう。

※注: 上記「けっか」はふりがな

はんの人の足かけ上がり、さか上がり調べ

種目＼名前	まさき	つとむ	みなみ	さやか	ひろし	さとし	よしみ	ひかり
足かけ上がり	○	×	○	○	×	○	×	○
さか上がり	×	×	○	○	○	×	○	○

（○…できる、×…できない）

はんの人の足かけ上がり、さか上がり調べ　（人）

	さか上がり ○	×	合 計
足かけ上がり ○	㋐	㋑	㋒
×	㋓	㋔	㋕
合計	㋖	㋗	㋘

とき方　表は、たてと横の両方から見ていくので、
㋘は全体の人数の 8 が入り、
㋐は足かけ上がりとさか上がりの両方ともできる人数、
㋑は足かけ上がりができて、さか上がりができない人数が入ります。
足かけ上がりについて、また、さか上がりについて、合計人数が 8 になるかたしかめます。

自分で表が書けるようになろう。

答え　上の表に記入

❷ 4 年 1 組の 28 人について、なわとび調べをしました。あやとびのできる人が 23 人、二重とびのできる人が 19 人いました。また、どちらもできない人は 2 人でした。

📖教科書　30ページ❸

❶　右の表のあいているところに、あてはまる数を書きましょう。

なわとび調べ　（人）

	二重とび できる	できない	合計
あやとび できる	㋐	㋑	㋒
できない	㋓	㋔	㋕
合計	㋖	㋗	㋘

❷　あやとびと二重とびの両方ともできる人は何人ですか。

（　　　　　　　　）

❸　あやとびができて、二重とびができない人は何人ですか。

（　　　　　　　　）

問題文から㋒、㋔、㋖、㋘の数はわかるね。

❹　右の表の㋘は、何の人数を表していますか。

（　　　　　　　　）

ポイント　集めた記録を、2 つの事がらが一度にわかる表にすることがあります。表にすることによって、整理され、読み取りやすくなります。

5

練習のワーク①

教科書 16〜35ページ 答え 2ページ

できた数 /6問中

おわったら
シールを
はろう

1 折れ線グラフ 次の⑦〜㋻のうち、折れ線グラフに表すとよい
ものはどれですか。すべて選びましょう。

⑦ 毎月１日にはかった自分の体重

㋑ 好きな本の種類調べの結果

㋒ １時間ごとに調べた教室の気温の変わり方

㋓ 同じ時こくに調べたいろいろな場所の気温

㋔ ４年生のクラスごとの虫歯のある人の数

(   )

2 整理のしかた 下の表は、たけしさんのクラスの１ぱんと２
はんの書き取りテストの点数の記録です。

１ぱん	8	7	6	10	8	8	7	10
２はん	7	7	10	10	8	9	9	

① １ぱんと２はんの人数はそれぞれ何人ですか。

１ぱん (   )　２はん (   )

② 下の表を完成させましょう。

書き取りテストの点数(人)

点数＼はん	10点	9点	8点	7点	6点	合計
１ぱん						
２はん						
合計						

③ １ぱんで人数が一番多かった点数は、何点ですか。

(   )

④ １ぱんと２はんを合わせた人数が２番目に少なかった点
数は、何点ですか。 (   )

てびき

1 折れ線グラフ
変わり方の様子を表
すときには、折れ線
グラフを使います。

さんこう

しりょうをわかり
やすく整理するに
は、折れ線グラフ
のほかに、ぼうグ
ラフや表の利用も
考えられます。

2 整理のしかた
記録を２つのことに
目をつけて整理し、
表にまとめていきま
す。

表にするときは、
もれや重なりがな
いように気をつけ
ながら、順に数え
ていきます。
数えたものに印を
つけるなどのくふ
うをしてみましょ
う。
数を数えるときは
「正」の字を使うと
便利です。
1…一
2…丅
3…下
4…正
5…正

できるナビ 表にまとめるときに、数を数えまちがえないようにしよう。

練習のワーク❷

| 教科書 | 16～35ページ | 答え | 2ページ |

できた数

／6問中

おわったら
シールを
はろう

---

1 折れ線グラフとぼうグラフ　下の表は、ある市の月ごとの気温の変わり方を表したものです。また、下のグラフは、同じ市の月ごとのこう水量(りょう)を表したものです。

月	1	2	3	4	5	6	7	8	9	10	11	12
気温(℃)	10	10	14	20	23	27	31	32	30	25	23	13

① 気温の変わり方を折れ線グラフに表します。右のグラフにかき加(くわ)えましょう。

② 気温が一番高いのは何月で、何℃ですか。

月 (　　　　　　)

気温 (　　　　　　)

③ こう水量が一番少ないのは何月で、何mmですか。

月 (　　　　　　)

こう
水量 (　　　　　　)

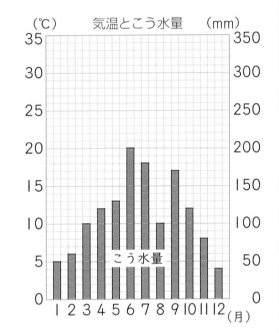

2 整理のしかた　下の右の表は、左の図を見て、色(赤●・黒●)と形(□・○・△)の2つに目をつけて整理してまとめたものです。㋐～㋛に入る形や言葉、数を答えましょう。

色＼形	㋐	㋑	㋒	合計
㋓		4	㋔	㋕
黒	3	㋖	5	㋗
合計	㋘	㋙	㋚	㋛

てびき

1 折れ線グラフのかき方
① たてと横のじくに、それぞれ何をとるか決めて、目もりをつける。また、目もりが表す単位(たんい)をたてのじくの上と横のじくの右にそれぞれ書く。
② 記録を表すところに点をうち、順に直線でつなぐ。
③ 表題を書く。

たいせつ☆
折れ線グラフとぼうグラフを組み合わせたグラフを使うと、2つの事がらの関係(かんけい)がわかりやすくなります。

2 整理のしかた
数え落としがないように気をつけましょう。

ちゅうい
最後(さいご)にたて方向や横方向の合計の数が全体の数と同じになっているかをたしかめるようにしましょう。

できるナビ　わかりやすい表の整理のしかたを覚(おぼ)えよう。

7

まとめのテスト❶

1 よく出る 下の表は、ある日の気温の変わり方を調べたものです。

1つ15〔60点〕

1日の気温の変わり方

時こく(時)	午前 4	6	8	10	12	午後 2	4	6	8
気温(℃)	16	16	18	19	23	24	22	19	18

❶ 折れ線グラフに表すとき、たてのじくと横のじくには、それぞれ何をとればよいですか。

たて (　　　　　　) 横 (　　　　　　)

❷ 気温の変わり方を表す折れ線グラフを右のグラフ用紙にかきましょう。

❸ 気温が変わっていないのは、何時と何時の間ですか。

(　　　　　　)

❹ 気温の上がり方が一番大きかったのは、何時と何時の間ですか。

(　　　　　　)

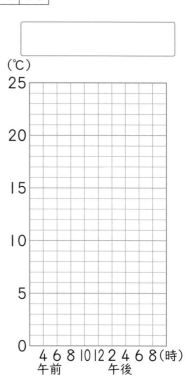

2 よく出る 下の表は、さとみさんのはんの10人について、伝記と科学読み物が好きかどうかを調べたものです。

1つ20〔40点〕

本の好ききらい調べ

	1	2	3	4	5	6	7	8	9	10
伝記	○	△	○	○	△	○	○	○	△	○
科学読み物	○	○	△	△	○	○	○	△	○	△

(○…好き、△…きらい)

本の好ききらい調べ(人)

		科学読み物		合計
		好き	きらい	
伝記	好き	㋐	㋑	㋒
	きらい	㋓	㋔	㋕
合計		㋖	㋗	㋘

❶ 右の表に、上の表を整理してまとめます。表のあいているところに、あてはまる数を書きましょう。

❷ たけるさんは右の表の㋐に、ゆりさんは㋓に、ふみやさんは㋔に入るそうです。上の表の9の人は、たけるさん、ゆりさん、ふみやさんのうちだれですか。

(　　　　　　)

チェック ✔
□ 折れ線グラフをかくことはできたかな？
□ 表を読み取ることはできたかな？

まとめのテスト❷

時間 **20** 分

とく点 /100点

おわったら シールを はろう

教科書 16〜35ページ　　答え 2ページ

1 右のグラフは、ある市の月ごとの最高気温と最低気温の変わり方を表したものです。

1つ20〔40点〕

❶ 最高気温と最低気温のちがいが一番大きかったのは何月で、ちがいは何℃ですか。

月 (　　　　　　)

気温のちがい (　　　　　　)

❷ 最高気温と最低気温では、どちらの変わり方が大きいといえますか。

(　　　　　　)

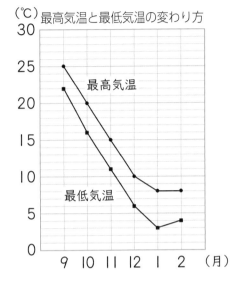

(℃) 最高気温と最低気温の変わり方

最高気温

最低気温

9 10 11 12 1 2 （月）

2 よく出る まもるさんは、児童館にいた人たちに、住んでいる町と生まれた月を書いてもらいました。

1つ20〔60点〕

こうじ	南町	3月	りかこ	北町	8月	けんじ	南町	2月	まもる	南町	6月
さゆり	北町	12月	たかし	南町	5月	さとし	南町	9月	ゆうか	北町	12月
るりこ	北町	1月	みきこ	北町	7月	のぼる	南町	1月	れいな	北町	4月
まなぶ	南町	4月	ゆきこ	北町	3月	ひろと	南町	10月	ななこ	北町	6月
えみこ	北町	11月	せいじ	南町	10月	さやか	北町	8月	ともや	南町	5月

❶ この記録を、住んでいる町別と生まれた月別に整理して、下の表にまとめましょう。

住んでいる町別の生まれた月調べ　　（人）

町 ＼ 月	4〜6月	7〜9月	10〜12月	1〜3月	合計
南町					
北町					
合計					20

❷ ❶の表を見て、人数が一番少ないのは、どの町のどの月に生まれた人ですか。

(　　　　　　)

❸ ❶の表を見て、南町と北町を合わせた人数が一番多いのはどの月ですか。

(　　　　　　)

チェック ✔

□ 折れ線グラフを読み取ることはできたかな？
□ 表に整理することはできたかな？

勉強した日 〉 月 日

① （2けた）÷（1けた）の計算

きほんのワーク

教科書 36～45ページ | 答え 2ページ

きほん **1** （2けた）÷（1けた）の筆算のしかたがわかりますか。

☆78このあめを3人で同じ数ずつ分けます。1人分は何こになりますか。

とき方 同じ数ずつに分けるので、わり算で計算します。わり算の筆算は、⌐を使って表し、大きい位から順に計算します。

十の位の計算

$$3)\overline{78}$$ → $$3)\overline{78} \\ 6$$

十の位の7を3でわり、十の位に2をたてる。
3と2をかける。

7から6をひく。
一の位の8をおろす。
（十の位の残り1は10だから、10と8で18）

一の位の計算

$$3)\overline{78} \\ 6 \\ 18$$ → $$3)\overline{78} \\ 6 \\ 18 \\ $$

18を3でわり、一の位に6をたてる。3と6をかける。

18から18をひく。

同じ位がたてにならぶように、書いていくよ。左の26のようなわり算の答えを「商」というんだ。

答え ☐ こ

1 筆算で計算しましょう。

📖教科書 37ページ**1**

① $$4)\overline{76}$$

② $$2)\overline{54}$$

③ $$7)\overline{98}$$

④ $$6)\overline{72}$$

⑤ $$3)\overline{51}$$

⑥ $$5)\overline{90}$$

⑦ $$4)\overline{92}$$

大きい位から順に、九九を使って計算すればいいんだね。

さんすうはかせ たし算の答えは「和」、ひき算の答えは「差」、かけ算の答えは「積」、わり算の答えは「商」といい、あまりのあるわり算の計算では、商とあまりの両方で答えになるよ。

きほん 2 あまりのあるわり算の筆算ができますか。

☆ 95÷4の商とあまりを求めましょう。また、答えのたしかめもしましょう。

とき方 ひき算をした後の数がわる数より小さくなったら、その数があまりになります。答えのたしかめは、わる数 × 商 + あまり が わられる数 になっているかどうかでかくにんします。

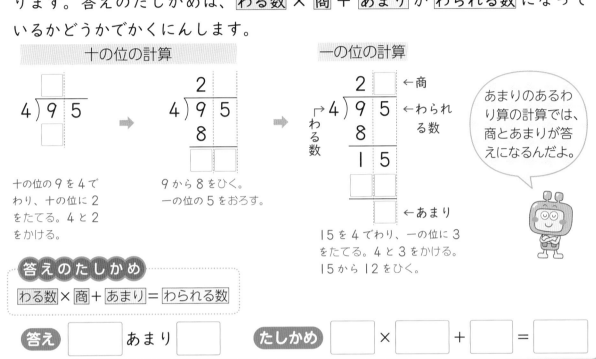

十の位の計算

```
   __
4)9 5
   __
```

十の位の9を4でわり、十の位に2をたてる。4と2をかける。

```
  2
4)9 5
  8
 __ __
```

9から8をひく。
一の位の5をおろす。

一の位の計算

```
  2 __  ←商
4)9 5   ←わられる数
  8
  1 5
  __ __
     __  ←あまり
```

15を4でわり、一の位に3をたてる。4と3をかける。15から12をひく。

あまりのあるわり算の計算では、商とあまりが答えになるんだよ。

答えのたしかめ
わる数 × 商 + あまり = わられる数

答え [ ] あまり [ ]   たしかめ [ ] × [ ] + [ ] = [ ]

---

2 筆算で計算しましょう。また、答えのたしかめもしましょう。　📖教科書 43ページ2

①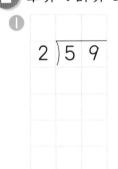
```
2)5 9
```

②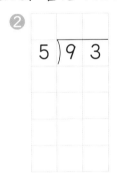
```
5)9 3
```

③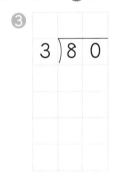
```
3)8 0
```

たしかめ
(　　　　　　　)

たしかめ
(　　　　　　　)

たしかめ
(　　　　　　　)

---

3 筆算で計算しましょう。　📖教科書 45ページ34

①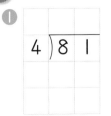
```
4)8 1
```

②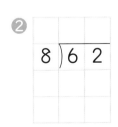
```
8)6 2
```

①商に1から9までの数がたたないときは、その位に0をたてるよ。

ポイント あまりのあるわり算の計算では、「わる数 × 商 + あまり」を計算して、その答えが「わられる数」になるかどうかで、たしかめをするようにしましょう。

学習の目標・
わられる数が大きく
なっても、わり算がで
きるようにしよう。

おわったら
シールを
はろう

② （3けた）÷（1けた）の計算

きほんのワーク

教科書 46〜49ページ 答え 3ページ

きほん 1 （3けた）÷（1けた）の筆算のしかたがわかりますか。

⭐ 743÷5 の計算をしましょう。

とき方 わられる数が 3 けたのときも、大きい位から順に計算します。

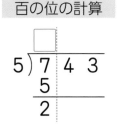
百の位の計算

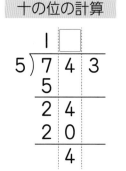
十の位の計算

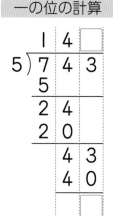
一の位の計算

位ごとに、たて
る→かける→ひ
く→おろすをく
り返すよ。

7÷5 で、百の位に
1 をたてる。
5 と 1 をかける。
7 から 5 をひく。

十の位の 4 をおろす。
24÷5 で、十の位に 4 をたてる。
5 と 4 をかける。
24 から 20 をひく。

一の位の 3 をおろす。
43÷5 で、一の位に 8 をたてる。
5 と 8 をかける。
43 から 40 をひく。

答え

---

1 筆算で計算しましょう。

① $5)\overline{785}$

② $6)\overline{679}$

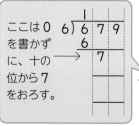
ここは 0
を書かず
に、十の
位から 7
をおろす。

📖 教科書 47ページ ②

③ $8)\overline{896}$

きほん 2 商のとちゅうに 0 がたつ筆算のしかたがわかりますか。

⭐ 429÷4 の計算をしましょう。

とき方 商のとちゅ
うに 0 がたったと
きは、となりの数
をおろして、わり
算を続けることが
できます。

$4)\overline{429}$

$4)\overline{429}$

$4)\overline{429}$

この部分
の計算は、
書かずに
省くこと
ができる。

2÷4 はできないので
十の位に 0 をたてる。

答え

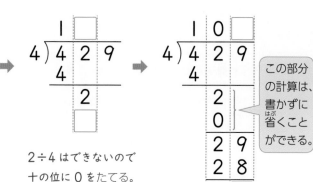
さんすうはかせ かけ算やわり算の筆算で「0」がでてくると、書き方がくふうできることが多いよ。その場合、
商のところでの書きわすれには注意しよう。

② 筆算で計算しましょう。

教科書 48ページ ③

① $3\overline{)927}$　　② $6\overline{)640}$　　③ $4\overline{)816}$　　④ $7\overline{)754}$

きほん③ 百の位に商がたたないわり算の筆算ができますか。

☆ $348 \div 5$ の計算を筆算でしましょう。

とき方 わられる数のいちばん左の位の数が、わる数より小さいときは、次の位までとって計算をはじめます。

十の位までとって、$34 \div 5$ の計算をすればいいんだね。

百の位の計算
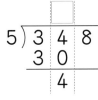

十の位の計算
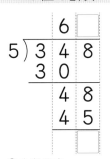

一の位の計算

$3 \div 5$ で、百の位に商はたたない。

$34 \div 5$ で、十の位に6をたてる。
5と6をかける。
34から30をひく。

8をおろす。
$48 \div 5$ で、一の位に9をたてる。
5と9をかける。
48から45をひく。

答え

---

③ 筆算で計算しましょう。

教科書 48ページ ④

① $2\overline{)134}$　　② $4\overline{)310}$　　③ $7\overline{)378}$

④ $8\overline{)702}$　　⑤ $6\overline{)494}$

百の位に商がたたないときは、十の位から商をたてて計算するよ。

ポイント わり算の筆算は大きい位から順に九九を使って、たてる→かける→ひく→おろすをくり返して計算します。位はたてにそろえて書くことが大切です。

練習のワーク

教科書 36〜51ページ　答え 3ページ

勉強した日 ▶　月　日

できた数　／17問中

おわったら
シールを
はろう

---

1 わり算の筆算　筆算で計算しましょう。

① 5)79　　② 3)95　　③ 3)61

④ 7)932　　⑤ 6)248　　⑥ 4)820

2 わり算と答えのたしかめ　商とあまりを求めましょう。また、答えのたしかめもしましょう。

① 909÷7　　② 395÷4

たしかめ
(　　　　　　　)

たしかめ
(　　　　　　　)

3 (3けた)÷(1けた)の計算　4年生144人が遠足に行きます。同じ人数ずつ3台のバスに乗るには、1台に何人ずつ乗ればよいですか。

式

答え (　　　　　　　)

4 暗算　次の計算を暗算でしましょう。

① 48÷2　　② 78÷3　　③ 98÷2

④ 54÷3　　⑤ 80÷5　　⑥ 90÷2

1 わり算の筆算
何の位から商がたつか注意しながら、わり算をしましょう。
答えを求めたら、たしかめもしておきましょう。

2 わり算のたしかめ

●÷|||=▲あまり■

わられる数　わる数　商　あまり

わる数×商+あまり
→わられる数

3 わり算の文章題
どんな問題のときに、わり算を使うのか、考えながらといていきましょう。
わり算の計算は筆算でしましょう。

4 暗算
暗算をするときは、十の位と一の位に分けたり、計算しやすい数に分けたりして計算しましょう。

できるナビ　わり算は答えを求めたら、たしかめをするようにしよう。

まとめのテスト

時間 **20**分

とく点 /100点

おわったら シールを はろう

教科書 36〜51ページ　答え 3ページ

1 よく出る 計算をしましょう。　1つ7〔42点〕

① 66÷3　　② 93÷7　　③ 665÷7

④ 401÷2　　⑤ 739÷5　　⑥ 367÷9

2 よく出る 875÷4 の計算をして、答えのたしかめもしましょう。　1つ8〔16点〕

答え（　　　　　）　たしかめ（　　　　　）

3 153cm のはり金を 9cm ずつ切ると、9cm のはり金は何本できますか。

 式　　　　　　　　　　　　　　　　1つ7〔14点〕

答え（　　　　　）

4 97 このあめがあります。このあめを 1 ふくろに 4 こずつ入れていくと、何ふくろできて、何こあまりますか。　1つ7〔14点〕

式

答え（　　　　　）

5 4 年生は 113 人います。5 人ずつ長いすにすわっていくと、全員がすわるには、長いすは何台いりますか。　1つ7〔14点〕

式

答え（　　　　　）

□（2 けた）÷（1 けた）の筆算はできたかな？
□（3 けた）÷（1 けた）の筆算はできたかな？

15

ふろくの「計算練習ノート」4〜7 ページをやろう！

学びのワーク アルゴリズムを整理しよう

きほん **1**　考え方を図で表せますか。

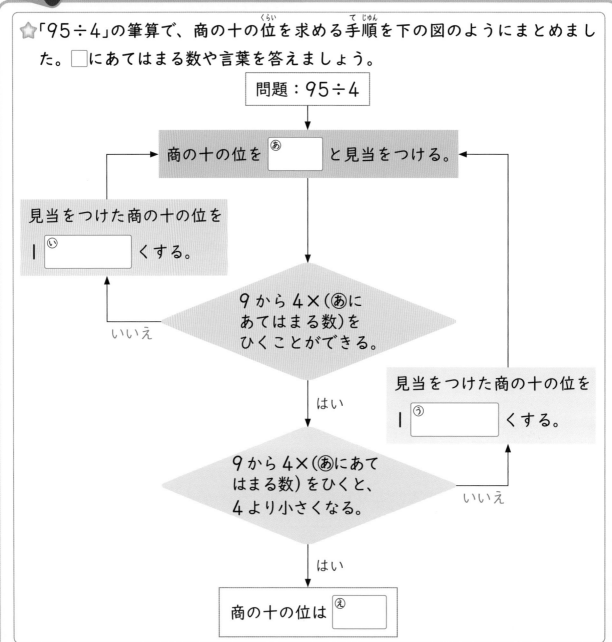

☆「95÷4」の筆算で、商の十の位を求める手順を下の図のようにまとめました。□にあてはまる数や言葉を答えましょう。

問題：95÷4

↓

商の十の位を ㋐□ と見当をつける。

見当をつけた商の十の位を 1㋑□ くする。

9から4×(㋐にあてはまる数)をひくことができる。　いいえ

はい

見当をつけた商の十の位を 1㋒□ くする。　いいえ

9から4×(㋐にあてはまる数)をひくと、4より小さくなる。

はい

商の十の位は ㋓□

とき方　㋑十の位の見当をつけて、4×(㋐にあてはまる数)が大きすぎたときは、十の位を小さくしていきます。

㋒4×(㋐にあてはまる数)が小さすぎたときは、十の位を大きくしていきます。　答え　上の問題に記入

わり算の筆算のしかたを思い出してみよう。

さんすうはかせ　問題をとくための決まった手順を「アルゴリズム」というよ。

❶ きほん**①**でまとめた手順をもとに、95 ÷ 4 の筆算の答えを計算する手順をまとめました。□にあてはまる数や言葉を答えましょう。　　📖 教科書 52ページ〜 53ページ

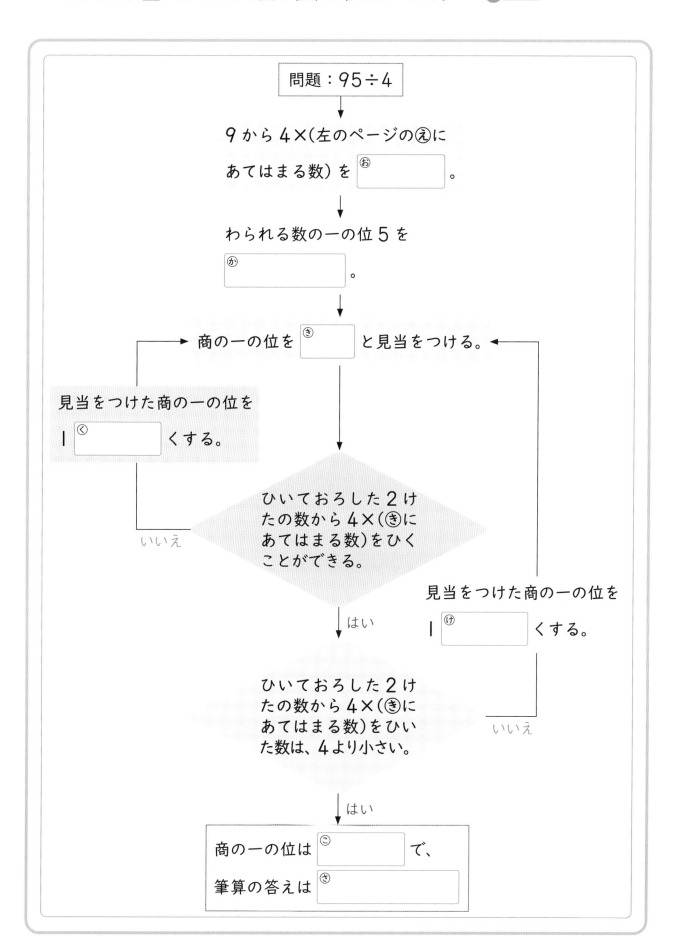

問題：95 ÷ 4

9 から 4×（左のページの⑤にあてはまる数）を ⑤□。

わられる数の一の位 5 を ⑥□。

商の一の位を ⑦□ と見当をつける。

見当をつけた商の一の位を 1 ⑧□ くする。

ひいておろした 2 けたの数から 4×（⑦にあてはまる数）をひくことができる。

見当をつけた商の一の位を 1 ⑨□ くする。

いいえ

ひいておろした 2 けたの数から 4×（⑦にあてはまる数）をひいた数は、4 より小さい。

はい

商の一の位は ⑩□ で、筆算の答えは ⑪□

📍ポイント　筆算をするときに、わられる数を何十と一の位の数に位ごとに分け、商の見当をつけて計算する手順を、図に表して考えています。

17

勉強した日 ▶　月　日

学習の目標・
角の大きさの単位を知り、はかり方を身につけよう。

おわったら
シールを
はろう

① **角の大きさ** [その1]

きほんのワーク

| 教科書 | 55〜61ページ | 答え | 4ページ |

きほん 1 いろいろな角の大きさがわかりますか。

☆下の㋐〜㋕で、直角になっているのはどれですか。

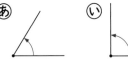
㋐　　　　㋑　　　　㋒

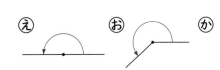
㋓　　　　㋔　　　　㋕

とき方 ㋑の角の大きさが直角で、㋔のような、半回転した角の大きさは直角の2つ分で□直角、㋕のような、1回転した角の大きさは、直角の□つ分で□直角です。

答え □

1 右の図で、直角より小さい角はどれですか。

㋐　　　　㋑
㋒　　　　㋓

（　　　　　）

📖教科書　56ページ**1**

三角じょうぎの直角のところをあてて、考えればいいね。

きほん 2 角度のはかり方がわかりますか。

☆下の図の㋐の角度は何度ですか。

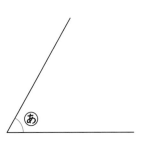
㋐

とき方 角度をはかるには、**分度器**（ぶんどき）を使います。

① 分度器の中心を頂点（ちょうてん）Aに合わせる。

② 分度器の0°の線を、辺AB（へん）に重ねる。

③ 辺ACに重なる分度器の目もりを読む。
（線が短ければ、のばしておく。）

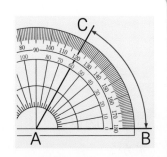

たいせつ
直角を90等分した1つ分を1度といい、1°と書きます。直角や度は角の大きさを表す単位（たんい）で、1直角＝90°になっています。角の大きさを**角度**ともいいます。

答え □°

 **さんすうはかせ**　直角よりも小さい角を「鋭角」（えいかく）といい、直角よりも大きく180°より小さい角を「鈍角」（どんかく）というよ。

2 分度器を使って、次の角度をはかりましょう。

教科書 59ページ**2**

① 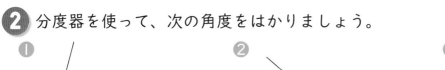 ② ③

( ) ( ) ( )

きほん3 向かい合った角の大きさがわかりますか。

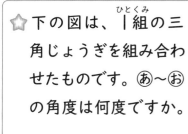
☆ ⓐの角度は何度ですか。

とき方 分度器を使ってはかることもできますが、一直線の角（180°）からひいて、計算で求めることもできます。ⓐの角は、

$180° - \boxed{}° = \boxed{}°$ **答え** $\boxed{}°$

3 **きほん3** の図で、ⓘの角度は何度ですか。

教科書 59ページ**2**

( )

きほん4 三角じょうぎの角の大きさがわかりますか。

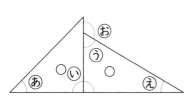
☆ 下の図は、1組の三角じょうぎを組み合わせたものです。ⓐ〜ⓞの角度は何度ですか。

とき方 三角じょうぎの角の大きさは下のようになります。分度器ではかってたしかめましょう。ⓘは90°が2つ分の大きさで、ⓞは180°からⓤをひいた大きさです。

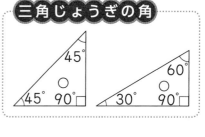
三角じょうぎの角

答え ⓐ $\boxed{}$°

ⓘ $\boxed{}$° ⓤ $\boxed{}$° ⓔ $\boxed{}$° ⓞ $\boxed{}$°

4 下の図は、1組の三角じょうぎを組み合わせたものです。ⓐ〜ⓚの角度は何度ですか。

教科書 61ページ**3**

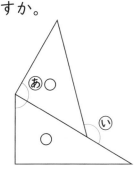 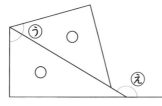 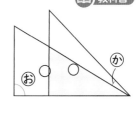

ⓐ( ) ⓘ( ) ⓤ( )

ⓔ( ) ⓞ( ) ⓚ( )

ポイント 分度器を使って、角度をはかります。また、三角じょうぎの角の大きさ（90°、60°、30°と90°、45°、45°）は覚えておきましょう。

3 角の大きさを調べよう ■角度

① **角の大きさ** [その2]
② **角のかき方**

きほんのワーク

学習の目標
角のかき方を身につけ、三角形のかき方を覚えよう。

おわったら
シールを
はろう

教科書 61〜64ページ 答え 4ページ

きほん **1** ｜80°より大きい角度のはかり方がわかりますか。

☆右の図のⓐの角度は何度ですか。

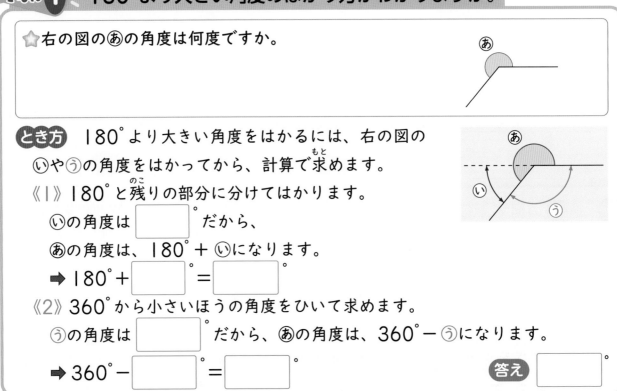

とき方 ｜80°より大きい角度をはかるには、右の図のⓘやⓤの角度をはかってから、計算で求めます。

《｜》 ｜80°と残りの部分に分けてはかります。

ⓘの角度は [　　] °だから、

ⓐの角度は、｜80°＋ⓘになります。

➡ ｜80°＋ [　　] ° ＝ [　　] °

《2》 360°から小さいほうの角度をひいて求めます。

ⓤの角度は [　　] °だから、ⓐの角度は、360°−ⓤになります。

➡ 360°− [　　] ° ＝ [　　] °   答え [　　] °

1 次の角度は何度ですか。

📖教科書 61ページ4

①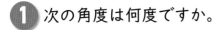

②

分度器の内側と外側のどちらの目もりを読んでいるのか注意しよう。

(　　　　) (　　　　)

③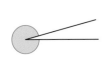

④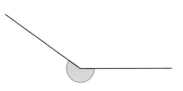

⑤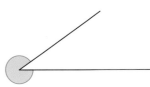

(　　　　) (　　　　) (　　　　)

 ｜度よりも小さい角を表すときは、｜度の60分の｜の角「｜分（′）」を使うよ。さらに、｜分の60分の｜の角が「｜秒（″）」だよ。

角をかくことができますか。

☆45°の角をかきましょう。

とき方 分度器を使って、角をかきます。
1 辺ABをかく。
2 分度器の中心を点Aに合わせて、0°の線を辺ABに重ねる。
3 45°の目もりのところに点をとる。
4 点Aから3でとった点を通る直線をひく。

答え

A _____ B

2 次の大きさの角をかきましょう。

📖**教科書** 63ページ**1**

① 40°

② 95°

③ 200°

三角形がかけますか。

☆下の正三角形の3つの角の大きさをはかりましょう。また、分度器とじょうぎを使って、1辺の長さが3cmの正三角形ABCをかきましょう。

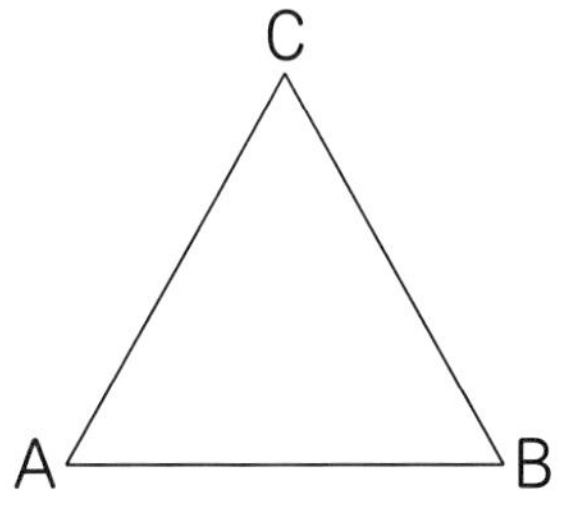

C

A _____ B

とき方 正三角形の角の大きさはどれも等しく □ です。三角形のかき方は、

1 じょうぎで長さ3cmの辺ABをかく。

2 Aを頂点として、60°の角をかく。

3 Bを頂点として、60°の角をかく。

4 直線が交わる点をCとする。

答え すべて □°

A _____ B

3 下の図のような三角形をかきましょう。

📖**教科書** 64ページ**2**

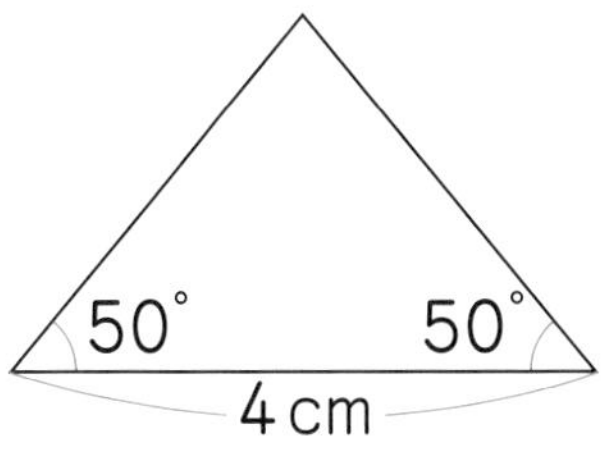

50° 50°
4cm

ポイント 分度器を使って、角をかきます。180°よりも大きい角もくふうしてかけるようになりましょう。また、正三角形の1つの角の大きさは60°です。

練習のワーク

教科書 55〜66ページ　答え 4ページ

① 角の大きさ □にあてはまる数を書きましょう。

① 90°は □ 直角です。

② 3直角は □° です。

③ 1回転の角度は □° で、□ 直角です。

④ 半回転の角度は □° で、□ 直角です。

① 角の大きさ

たいせつ☆

1直角は 90°
2直角は 180°
3直角は 270°
4直角は 360°

② 角の大きさ 次の⑰、⑰、⑰の角度はそれぞれ何度ですか。

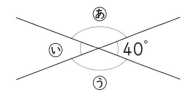

⑰ (　　　　　)

⑰ (　　　　　)

⑰ (　　　　　)

② 向かい合った角は、計算で求めることもできます。
⑰の角…一直線の角は180°だから、180°−40°で求められます。
⑰、⑰の角度も同様に求めると、**向かい合った角度(⑰と⑰、⑰と40°)は等しい**ことがわかります。

③ 角の大きさ 分度器を使って、❶、❷の角度をはかりましょう。

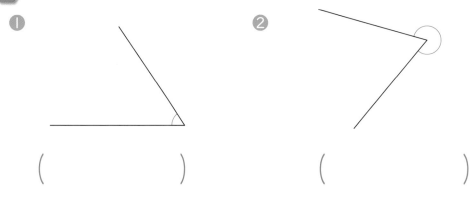

❶ (　　　　　)　　❷ (　　　　　)

③ 角の大きさ

🔍
角の大きさのはかり方
1 分度器の中心を角の頂点に合わせます。
2 分度器の0°の線を角のかた方の辺に重ねます。
3 もう一方の角の辺に重なる分度器の目もりを読みます。

④ 三角形のかき方 下の図のような三角形をかきましょう。

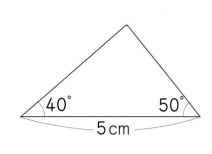

40°　　50°
5cm

④ 次のようにしてかきます。
1 5cmの辺をひく。
2 両はしの点を頂点とする角をかく。

できるナビ　分度器を使って、角の大きさをはかったり、角をかいたりできるようにしよう。

勉強した日　月　日

まとめのテスト

教科書 55~66ページ　答え 5ページ

時間 20分　とく点 /100点　おわったらシールをはろう

1 よく出る 次の角度は何度ですか。　1つ10〔30点〕

❶
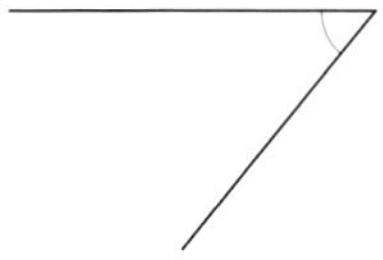

❷
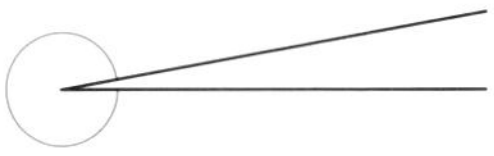

❸
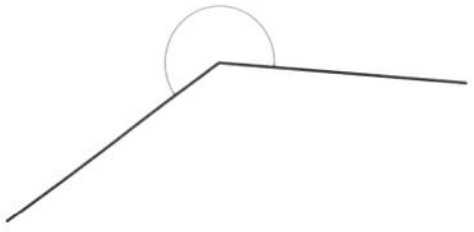

(　　　)　(　　　)　(　　　)

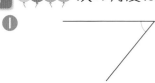

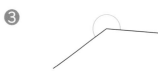

2 次の大きさの角をかきましょう。　1つ15〔30点〕

❶ 155°

❷ 3直角

3 1組(ひとくみ)の三角じょうぎを組み合わせてできる㋐、㋑の角度は何度ですか。　1つ10〔20点〕

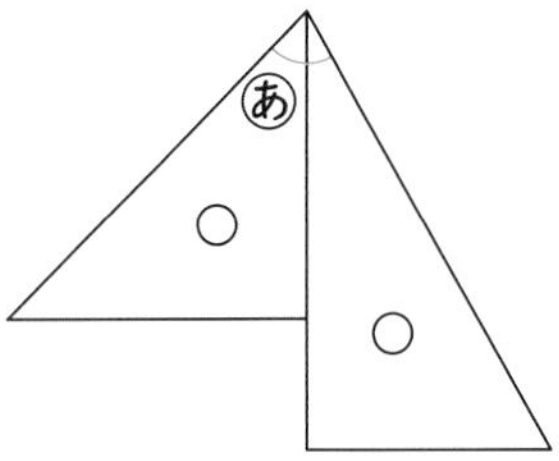

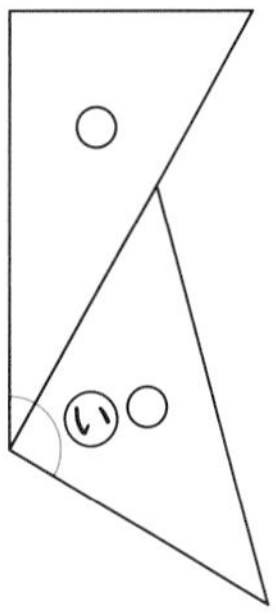

(　　　)　(　　　)

4 下の図のような三角形をかきましょう。　〔20点〕

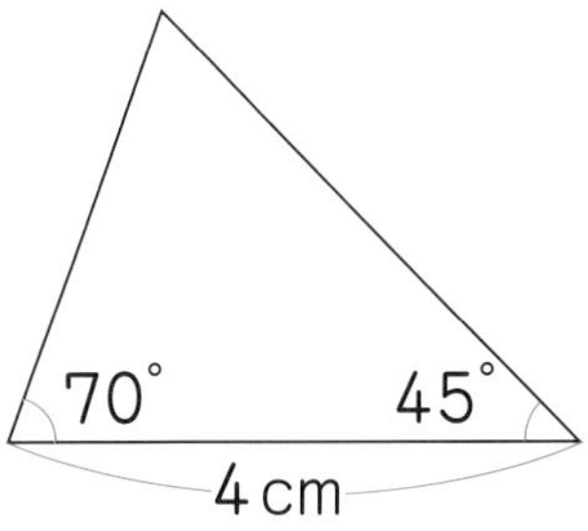

チェック
□ 分度器を使って角の大きさをはかることができたかな？
□ 角や三角形をかくことができたかな？

① 億や兆の位

きほんのワーク

学習の目標・
1億より大きい数の読み方や表し方を覚え、しくみを考えよう。

おわったらシールをはろう

教科書 67～71ページ　答え 5ページ

きほん 1 1億より大きい数の表し方がわかりますか。

⭐ 126533406 の読み方を漢字で書きましょう。

とき方 千万の位の1つ左の位を 一億 の位

といい、100000000 と書きます。
0が8こ

読むときは、一、十、百、千をそのまま使い、4けたごとに「万」、「億」を入れます。問題の数の1は □ 億の位、2は □ 万の位にあります。

右から4けたごとに区切ると読みやすくなるよ。

千億の位	百億の位	十億の位	一億の位	千万の位	百万の位	十万の位	一万の位	千の位	百の位	十の位	一の位
			1	2	6	5	3	3	4	0	6

10倍 10倍 10倍 10倍

答え [　　　　]

1 次の数の読み方を漢字で書きましょう。
📖教科書 67ページ🔟 69ページ🔢

① 431815176　（　　　　）

② 826543007000　（　　　　）

③ 200507200009　（　　　　）

2 次の数を数字で書きましょう。
📖教科書 67ページ🔟 69ページ🔢

① 三億二千七百九万五百二十六　（　　　　）

② 八千百五十億四百十二万三千三百　（　　　　）

③ 1億を9こと、1000万を7こ合わせた数
（　　　　）

④ 100億を5こと、1億を22こと、1万を365こ合わせた数
（　　　　）

⑤ 1000億を1こと、10億を36こと、100万を8こ合わせた数
（　　　　）

さんすうはかせ 大きな数では、「123,456,789,000」のように3けたごとに区切って書くこともあるよ。

☆ 75308400000000 の読み方を漢字で書きましょう。

とき方　千億 の位の1つ左の位を、一兆（いっちょう）の位といいます。1兆は1000億の10倍の数で、

千兆の位	百兆の位	十兆の位	一兆の位	千億の位	百億の位	十億の位	一億の位	千万の位	百万の位	十万の位	一万の位	千の位	百の位	十の位	一の位
		7	5	3	0	8	4	0	0	0	0	0	0	0	0

10倍 10倍 10倍 10倍

1000000000000 と書きます。上の数は、1兆を □ こ、1億を

0 が 12 こ

□ こ合わせた数です。

答え □

---

3 次の数の読み方を漢字で書きましょう。　📖 教科書 70ページ 3

❶　64130005200000　（　　　　　　　　　　　　）

❷　154238000602200　（　　　　　　　　　　　　）

4 次の数を数字で書きましょう。　📖 教科書 70ページ 3

❶　五兆八千六百三十億　（　　　　　　　　　　　　）

❷　十二兆三千三十九億　（　　　　　　　　　　　　）

❸　1兆を8こと、100億を13こ合わせた数

（　　　　　　　　　　　　）

❹　10兆を260ことⅠ万を2000こ合わせた数

（　　　　　　　　　　　　）

❺　1兆を5こと、1億を2こと、1万を4こ合わせた数

（　　　　　　　　　　　　）

5 ⑦～⑤の目もりが表す数を書きましょう。　📖 教科書 70ページ 3

```
0            50億          100億
├──┬──┬──┬──┬──┬──┬──┬──┬──┬──┤
      ↑                          ↑
      ⑦                          ⑦

   1兆                        2兆
├──┬──┬──┬──┬──┬──┬──┬──┬──┬──┤
               ↑              ↑
               ⑦              ⑦
```

⑦（　　　　　　　　）　⑦（　　　　　　　　）

⑦（　　　　　　　　）　⑦（　　　　　　　　）

ポイント　億や兆などの大きな数でも、右から4けたごとに区切ると、読んだり書いたりしやすくなります。

学習の目標・

数のしくみを知り、大きな数の計算ができるようにしよう。

おわったらシールをはろう

② 整数のしくみ

きほんのワーク

教科書 72〜73ページ　答え 5ページ

教科書 72〜73ページ　答え 5ページ

きほん 1 大きな数のしくみがわかりますか。

☆ 4600億を 10倍した数、$\frac{1}{10}$ にした数はいくつですか。

とき方 整数を 10倍すると、位が 1つ上がり、$\frac{1}{10}$ にすると、位が 1つ下がります。

$\frac{1}{10}$ にすることと、10でわることは同じなんだ。

兆	億	万

10倍
100倍
10倍

4 6 0 0 0 0 0 0 0 0 0 0 0

$\frac{1}{10}$
$\frac{1}{10}$

たいせつ

整数は、10倍すると、位が 1つ上がるので、右はしに0が 1つつきます。また、一の位に0のある数を $\frac{1}{10}$ にすると、位が 1つ下がるので、右はしにある0が 1つ取れます。

答え 10倍した数 ☐ 兆 ☐ 億

$\frac{1}{10}$ にした数 ☐ 億

1 次の数を書きましょう。　　　　　　　　📖 教科書 72ページ 1

① 7300億を 10倍した数

(　　　　　　　)

② 500億を 100倍した数

(　　　　　　　)

③ 4兆を $\frac{1}{10}$ にした数

(　　　　　　　)

④ 26兆3000億を $\frac{1}{10}$ にした数

(　　　　　　　)

2 300億、3000億、3兆は、それぞれ 30億の何倍ですか。　📖 教科書 72ページ 1

① 300億

(　　　　　　)

② 3000億

(　　　　　　)

③ 3兆

(　　　　　　)

3 次の計算をしましょう。　　　　　　　　　📖 教科書 72ページ 1

① 4000億×10

② 15兆×100

③ 8兆÷10

さんすうはかせ 兆より上の位は、「京、垓、秭、穣、溝、澗、正、載、極、恒河沙、阿僧祇、那由他、不可思議、無量大数」と続くよ。

☆下の12まいのカードをどれも1回ずつ使ってできる12けたの整数のうち、一番大きい数と一番小さい数をつくりましょう。

| 0 | 0 | 0 | 1 | 2 | 3 | 4 | 5 | 6 | 7 | 8 | 9 |

とき方　左の位の数字が大きいほうが大きい数になるので、一番大きい数をつくるときは、一番大きい数の 9 のカードから、順にならべます。

| 9 | | | | | | | | | | | |

　一番小さい数は、1を一番上の位にして、あとは小さい数字の順にならべます。

| 1 | | | | | | | | | | | |

一番左に0がくると、12けたの整数にならないね。

答え　一番大きい数 [　　　　]

　　　　一番小さい数 [　　　　]

たいせつ

0から9の10この数字だけで、どのような大きさの整数も表すことができます。

4 0から9までの数字のカードが、1まいずつあります。このカードをどれも1回ずつ使って、次のような10けたの整数をつくりましょう。　📖教科書 73ページ**2**

● 30億より小さい整数のうち、
　一番大きい数　　　　　　　　　（　　　　　　　　　）

② 30億より大きい整数のうち、
　一番小さい数　　　　　　　　　（　　　　　　　　　）

5 0、1、2、3の4この数字を4回ずつ使ってできる整数のうち、一兆の位が1になる数で、一番大きい数をつくりましょう。　📖教科書 73ページ**2**

（　　　　　　　　　）

6 0から7までの数字がそれぞれ2こずつ合計16こあります。この数字をならべて、16けたの整数をつくります。2番目に大きい数と2番目に小さい数をそれぞれつくり、その和と差を求めましょう。　📖教科書 73ページ**2**

和（　　　　　　　　　）

差（　　　　　　　　　）

たし算の答えを**和**といい、ひき算の答えを**差**というよ。

ポイント　数字をならべて整数をつくるときは順じょよく考えていくようにします。また、0ではじまる整数は考えません。

27

勉強した日 　月　日

③ **大きな数のかけ算**

きほんのワーク

教科書 75〜76ページ　答え 5ページ

学習の目標・
大きな数のかけ算ができ、かけ算のくふうもできるようにしよう。

おわったらシールをはろう

きほん 1 大きな数のかけ算ができますか。

☆319×254 の計算を筆算でしましょう。

```
      3 1 9
  ×   2 5 4
①→ あ1 2 7 6
②→
③→        い
```

とき方 2けたの数をかけるときの筆算と同じように考えます。筆算の①の行には、319×4 の計算の答えを書きます。②の行は、319×□ の計算の答えを左に1けたずらして書きます。③の行は、319×2 の計算の答えを左に□けたずらして書きます。

答え □

あの 12 は 300×4 を計算しているよ。
いは 319×5 の計算だね。
けたをずらして書くことに注意しよう。

1 計算をしましょう。

教科書 75ページ1

① 　　2 1 6
　　× 4 4 5

② 　　5 3 8
　　× 1 2 6

③ 　　4 2 7
　　× 3 6 4

位の取り方に注意して、計算しよう。

④ 3245×28

⑤ 2934×62

⑥ 4037×54

2 1つ 275 円の文ぼう具を 154 人分買います。代金はいくらになりますか。

教科書 75ページ1

式

答え（　　　　　）

かけ算の答えを積というよ。

28

さんすうはかせ 古代エジプトでは、1(=1)、(=1000)、(=100000)のような数字が使われていたんだ。1はぼう、はスイレン、はおたまじゃくしを表しているといわれているよ。

3 計算をしましょう。 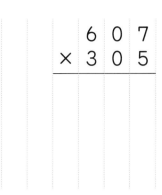 教科書 75ページ**1**

❶
```
    3 7 8
×   2 0 9
```

❷
```
    6 0 7
×   3 0 5
```

```
❶   3 7 8
×   2 0 9
───────
  3 4 0 2    ここを省
  0 0 0   ← くことが
7 5 6        できます。
───────
7 9 0 0 2
```

きほん2 計算のしかたのくふうができますか。

☆3700×540 の計算をしましょう。

とき方 終わりに 0 がある数のかけ算は、0 を省いて計算し、その積の右に、省いた数だけ 0 をつけます。計算のきまりを使うと、次のように式で表すことができます。

3700×540＝(37×100)×(54×10)

$\qquad$＝(37×54)×(　　 × 　　)

$\qquad$＝(37×54)× 　　

$\qquad$＝ 　　

答え 　　

```
    3 7 0 0
×     5 4 0
─────────
  1 4 8
```
0 を 3 つ
つける。

計算のきまり
○×△＝△×○
○×(△×□)＝(○×△)×□

---

4 くふうして計算しましょう。 教科書 76ページ**2**

❶ 472×800

❷ 206×4800

❸ 300×245

❹ 7800×9600

❺ 56000×320

❸300×245 は
245×300 と
考えて計算する
ことができるよ。

ポイント 10×100 で 1000、100×100 や 1000×10 で 10000 になることなどを使って、大きな数のかけ算をくふうして計算できるようにしましょう。

練習のワーク

勉強した日 月 日

できた数
/12問中

おわったら
シールを
はろう

1 大きな数のしくみ □にあてはまる数を書きましょう。

① 6000億の10倍の数は、□ です。

② 28兆600億を $\frac{1}{10}$ にした数は、□ です。

③ 100億を360こ集めた数は、□ です。

④ 1兆は10億の□倍の数です。

⑤ 1230000000は、1000000を□こ集めた数です。

2 大きな数 次の数の読み方を漢字で書きましょう。

① 206850908000

( )

② 7020995004700

( )

3 整数のしくみ 0、1、3、6、7の5この数字を3回ずつ使ってできる15けたの整数のうち、一番小さい数を書きましょう。

( )

4 大きな数のかけ算 計算をしましょう。

① 724×153　　② 206×804

5 かけ算のくふう くふうして計算しましょう。

① 630×720　　② 450×9000

1 大きな数のしくみ
整数は、位が1けた上がるごとに、10倍になっています。

10倍 10倍 10倍 10倍
十　一　千　百　十
兆　兆　億　億　億
の　の　の　の　の
位　位　位　位　位
10 10 10 10

2 大きな数
右から4けたごとに区切って、それぞれの位を見つけると、読みやすくなります。

3 整数のしくみ

ちゅうい

一番左の位を0からはじめることはできません。

4 ② 数字のとちゅうに0があるときは、筆算では0のかけ算は書かずに省くことができます。

5 かけ算のくふう
終わりに0のあるかけ算では、0を省いたかけ算をもとに計算します。
① 63×72を計算してから、10×10＝100（倍）します。

できるナビ 数が大きくなっても正しく筆算ができるようにしよう。

まとめのテスト

時間 **20**分

とく点 ／100点

おわったら シールを はろう

1 下の数直線を見て、答えましょう。　1つ7〔21点〕

8000億　　　　ⓐ　1兆　　　　ⓑ

❶ この数直線の1目もりが表している数はいくつですか。（　　　　　）

❷ ⓐの目もりが表す数を書きましょう。（　　　　　）

❸ ⓑの目もりが表す数を書きましょう。（　　　　　）

2 次の問題に答えましょう。　1つ7〔21点〕

❶ 1億は、10万の何倍ですか。（　　　　　）

❷ 100億は、100万の何倍ですか。（　　　　　）

❸ 10兆は、1億の何倍ですか。（　　　　　）

3 よく出る 次の数を数字で書きましょう。　1つ6〔30点〕

❶ 二千五億七千五十万（　　　　　）

❷ 1億を8こ、100万を4こ合わせた数（　　　　　）

❸ 1兆を2こ、1億を5こ、1万を8こ合わせた数

（　　　　　）

❹ 1兆を108こ集めた数（　　　　　）

❺ 3409億4千万を100倍した数（　　　　　）

4 計算をしましょう。　1つ7〔28点〕

❶ 483×918　　　　　　❷ 1165×34

❸ 707×802　　　　　　❹ 67×1800

チェック✓
□ 億や兆の位は理かいできたかな？
□ 大きな数のかけ算を正しくできたかな？

① （　）のある式　② ＋、－と×、÷のまじった式　③ 計算のきまり

きほんのワーク

きほん① （　）を使って、｜つの式に表すことができますか。

☆ 150円のなしと 120円のかきを買って 500円出すと、おつりはいくらになりますか。（　）を使って｜つの式に表してから、答えを求めましょう。

とき方　全部の代金は、150円と 120円を合わせた金がくだから、（　）を使って（ ☐ ＋ ☐ ）円と表します。これを、次の言葉の式にあてはめると、

出したお金	－	全部の代金	＝	おつり
↓		↓		↓
500	－(☐ ＋ ☐)＝			☐

たいせつ

ひとまとまりにするものは、（　）を使って表します。（　）のある式では、（　）の中をひとまとまりとみて、先に計算します。

答え ☐ 円

1 250円のコンパスと 180円の三角じょうぎを買って 1000円出すと、おつりはいくらになりますか。（　）を使って｜つの式に表してから、答えを求めましょう。

教科書 83ページ **1**

式

答え（　　　　　　　　　　）

きほん② （　）を使って、｜つの式に表すことができますか。

☆ 50円のえん筆｜本と、150円のノート｜さつを組にして買います。3組買うと、全部の代金はいくらになりますか。（　）を使って｜つの式に表してから、答えを求めましょう。

とき方　｜組の代金（50＋150）円をひとまとまりと考えて、次の言葉の式にあてはめます。

｜組の代金	×	買う組の数	＝	全部の代金
↓		↓		↓
(☐)×		3	＝	☐

答え ☐ 円

｜組の代金をひとまとまりにして（　）を使えば、｜つの式にできるね。

＋と－だけの式や×と÷だけの式の計算の順じょは、＋と－はどちらが先ということはなく、×と÷も同じだから、左から順に計算していけばいいんだよ。

2 120円のりんご1こと、25円のみかん1こをセットにして買います。6セット買うと、全部の代金はいくらになりますか。（　）を使って1つの式に表してから、答えを求めましょう。

📖**教科書** 85ページ**2**

式

答え（　　　　　　　　　）

きほん3 かけ算やわり算のまじった式の計算の順じょが、わかりますか。

⭐8×4+14÷2 の計算をしましょう。

とき方 ＋、－と×、÷のまじった式では、かけ算やわり算をひとまとまりとみて、先に計算します。

8×4＋14÷2＝ □ ＋ □ ＝ □
　　①　　②　　　①　　　②　　　③
　　①───②
　　　　③

答え □

計算の順じょ
・ふつうは、左から順に計算する。
・（　）のある式は、（　）の中を先に計算する。
・×や÷は、＋や－より先に計算する。

3 計算をしましょう。

📖**教科書** 86ページ**1** 87ページ**2**

① 20＋4×2
② 75－12×6
③ 59＋240÷6
④ 8×6－4÷2
⑤ 8×(6－4÷2)
⑥ 8×(6－4)÷2

きほん4 （　）を使った式の計算のきまりが、わかりますか。

⭐(34－12)×8 □ 34×8－12×8 の□にあてはまるのは等号ですか、不等号ですか。書き入れましょう。

とき方 (34－12)×8 は、（　）の中を先に計算します。34×8－12×8 は、×から先に計算します。

(34－12)×8＝ □ ×8＝ □
34×8－12×8＝ □ － □ ＝ □

答え 上の問題中に記入

計算のきまり
(○＋△)×□＝○×□＋△×□
(○－△)×□＝○×□－△×□
○＋△＝△＋○
○×△＝△×○
(○＋△)＋□＝○＋(△＋□)
(○×△)×□＝○×(△×□)

4 くふうして計算しましょう。

📖**教科書** 88ページ**1**

① 7×92＋3×92
② 105×37－5×37
③ 58＋26＋34
④ 73×4×25

ポイント 2つの式を1つにまとめて表すことができるようにしましょう。また、×、÷、＋、－や（　）のまじった式の計算が正しくできるようにしましょう。

練習のワーク①

1 計算の順じょ　計算をしましょう。

① $400-(300-45)$　　② $360+(240-80)$

③ $4+16\times5$　　④ $500-200\div25$

⑤ $52\times3+18\times3$　　⑥ $71-48\div6\times5$

2 計算のくふう　□にあてはまる数を書きましょう。

① $70\times99=70\times(90+\boxed{})$

$=6300+\boxed{}=\boxed{}$

② $70\times99=70\times(\boxed{}-1)$

$=\boxed{}-\boxed{}=\boxed{}$

3 式のつくり方　1まい25円の便せんと1まい60円のふうとうがあります。下の①〜③のような買い物の代金を求めるとき、あてはまる式を次の⑧〜⑤から選びましょう。また、代金はいくらになりますか。

⑧ $(25+60)\times5$　　⑥ $25+60\times5$
⑤ $25\times5+60$

① 便せん5まいとふうとう1まいの代金

式（　　　）　代金（　　　）

② 便せん1まいとふうとう1まいをセットにしたときの5セットの代金

式（　　　）　代金（　　　）

③ 便せん1まいとふうとう5まいの代金

式（　　　）　代金（　　　）

てびき

1 計算の順じょ
・式はふつう、**左から**順に計算します。
・（　）のある式は、（　）**の中を先に**計算します。
・×や÷は、＋や－より先に計算します。

2 計算のくふう
計算のきまりを使って計算します。

$○\times(△+□)$
$=○\times△+○\times□$
$○\times(△-□)$
$=○\times△-○\times□$

3 式のつくり方

たいせつ
ひとまとまりにするものには、（　）を使います。
かけ算やわり算をひとまとまりとみるときは、（　）を省けます。

⑧〜⑤の式から答えを考えるのではなく、①〜③について、それぞれ先に式をたててみましょう。

できるナビ　計算の順じょをかくにんしよう。

練習のワーク②

教科書	82〜91ページ	答え	7ページ

1 1つの式に表す　5mのぬののテープがあります。1このかざりをつくるのにテープが32cm必要です。かざりを15こつくりました。テープは何cm残っていますか。1つの式で表してから、答えを求めましょう。

式

答え（　　　　　　　　）

2 計算の順じょ　計算のまちがいを見つけて、正しく計算しましょう。

① 24−18÷6=6÷6
　　　　　　　=1

② 56÷(8−1)=7−1
　　　　　　　=6

3 計算のきまり　くふうして下の計算をしましょう。また、どんなくふうをしたか、次のあ〜うから選びましょう。

> あ　分配のきまり　　　い　交かんのきまり
> う　結合のきまり

① 198×25

（　　　　、　　　　）

② 3×8×125

（　　　　、　　　　）

③ 72×2×5

（　　　　、　　　　）

④ 2×87+8×87

（　　　　、　　　　）

⑤ 93×4.6+93×5.4

（　　　　、　　　　）

1 5m=500cm
（　）を使って、次の2つの式を1つにまとめる。
32×15=□
500−□

2 計算の順じょ

ちゅうい
・＋、−より×、÷を先に計算する。
・（　）の中を先に計算する。

3 計算のきまり
〈分配のきまり〉
(○+△)×□
=○×□+△×□
(○−△)×□
=○×□−△×□
〈交かんのきまり〉
○+△=△+○
○×△=△×○
〈結合のきまり〉
(○+△)+□
　=○+(△+□)
(○×△)×□
　=○×(△×□)

2 8×125=
1000を使うと、計算がかんたんになります。

できるナビ　計算の式の表し方をかくにんし、くふうして計算できないか考えられるようになろう。

勉強した日　月　日

できた数　/8問中

おわったらシールをはろう

5 計算の順じょを調べよう ■式と計算

まとめのテスト❶

時間 **20**分

とく点 /100点

おわったら シールを はろう

勉強した日 月 日

教科書 82〜91ページ　答え 7ページ

1 よく出る 計算をしましょう。　　　　　　　　　　　　1つ6〔60点〕

❶ 17+9+21

❷ 36÷4×7

❸ 35+6×8

❹ 41−21÷7

❺ (14+24÷4)×3

❻ 58−(2×6+6)

❼ 32×4−20×4

❽ 29×6−84÷7

❾ 51−9×5÷9

❿ 25+(30−25)×6

2 答えの数になるように、□の中に＋、−、×、÷の記号を入れましょう。1つ6〔12点〕

❶ 6×5 □ 2×3=24

❷ 4−4 □ 4 □ 4=1

3 お父さんのたん生日に、550円のケーキを1ことと170円のチョコレートを1こ買うことにしました。子ども3人で代金を等分すると、1人分はいくらになりますか。(　)を使って1つの式に表してから、答えを求めましょう。　　1つ7〔14点〕

式

答え (　　　　　　　　　)

4 1ダース600円のえん筆を半ダースと、1さつ110円のノートを5さつ買いました。全部の代金はいくらになりますか。1つの式に表してから、答えを求めましょう。

1つ7〔14点〕

式

答え (　　　　　　　　　)

36

  □計算の順じょを理かいできたかな?
□求め方を1つの式に表すことはできたかな?

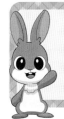

勉強した日　　月　　日

まとめのテスト②

教科書　82～91ページ　答え　7ページ

時間 20分　とく点　/100点　おわったらシールをはろう

1 よく出る 計算をしましょう。　1つ7〔28点〕

❶ (7×3＋6)÷3　　❷ 7×3＋6÷3

❸ 7×(3＋6÷3)　　❹ 7×(3＋6)÷3

2 答えの数になるように、□の中に＋、－、×、÷の記号を入れましょう。　〔8点〕

6×(5－2) □ 3＝15

3 くふうして計算しましょう。　1つ7〔28点〕

❶ 7.2＋23＋2.8　　❷ 52×25×4

❸ 6×99　　❹ 99×73＋99×27

4 230円のコンパスを1こと、1本70円のえん筆を4本買います。全部の代金はいくらになりますか。1つの式に表してから、答えを求めましょう。　1つ7〔14点〕

式

答え（　　　）

5 148円の大根を買うとき、レジぶくろをもらわなかったので、3円引きになりました。200円を出すと、おつりはいくらになりますか。(　)を使って1つの式に表してから、答えを求めましょう。　1つ7〔14点〕

式

答え（　　　）

6 120×(3＋5)の式になる問題をつくりましょう。　〔8点〕

ふろくの「計算練習ノート」14～15ページをやろう！

チェック
□(　)のある式の計算を正しくできたかな？
□計算のくふうをすることができたかな？

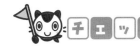

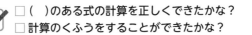

① 直線の交わり方
② 直線のならび方 [その1]

学習の目標・
垂直や平行の区別がつけられて、実さいにかけるようになろう。

おわったらシールをはろう

きほんのワーク

教科書　92〜99ページ　答え　8ページ

きほん 1　垂直とはどのようなことか、わかりますか。

☆下の図で、直線あに垂直な直線はどれですか。

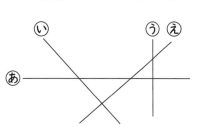

とき方　2本の直線が交わってできる角が直角のとき、2本の直線は、垂直であるといいます。三角じょうぎの直角のところをあてて、調べてみましょう。

答え　直線 □

ちゅうい
2本の直線が交わっていなくても、直線をのばすと、交わって直角ができるときは、「垂直」であるといいます。

1 右の図で、直線あに垂直な直線はどれですか。　教科書　93ページ 1

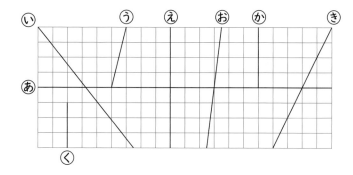

(　　　　　　)

きほん 2　垂直な直線がひけますか。

☆点Aを通って、直線あに垂直な直線をひきましょう。

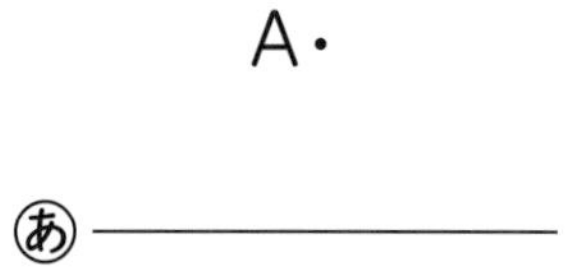

A・

あ ——————

とき方　① 直線あに、三角じょうぎ①をあて、もう1まいの三角じょうぎ⑦の直角のある辺を三角じょうぎ①に合わせる。
② 垂直にあてた三角じょうぎ⑦を点Aまで動かし、直線をひく。

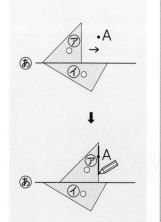

三角じょうぎの直角のところを使って、垂直な直線をひくことができるんだね。

答え　左の図に記入

38

さんすうはかせ　直線にはばがあるとすると、2本の直線が交わるときに四角形ができてしまい、こまるね。だから、直線は、はばがなく、長さだけを考えることにしているんだ。

2 点Aを通って、直線㋐に垂直な直線を、三角じょうぎを使ってひきましょう。

📖教科書　96ページ**2**

① 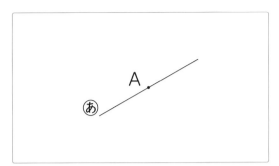　②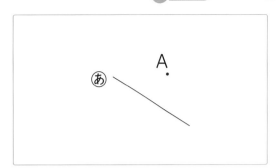

きほん**3**　平行とはどのようなことか、わかりますか。

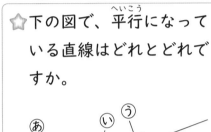

☆下の図で、平行になって
いる直線はどれとどれで
すか。

⬜ は直角を表して
いるよ。

とき方　|本の直線に垂直な2本の直線は、
平行 であるといいます。直線 [　] と直
線 [　] は、直線㋓に垂直に交わっている
ので、この2本の直線は [　] です。

答え 直線 [　] と直線 [　]

🐾**ちゅうい**
2本の平行な直線のはば(平行な直線の間にひいた垂直
な直線の長さ)は、どこでも等しくなっていて、2本の
平行な直線は、どこまでのばしても交わりません。

3 右の図の直線㋑と直線㋒は平行です。また、直線㋑は直
線㋐に垂直な直線です。直線㋒は直線㋐にどのように交
わっていますか。

📖教科書　98ページ**1**

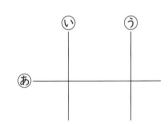

（　　　　　　　　　　　　　）

4 右の図で、平行になっている直線はどれとどれですか。

📖教科書　98ページ**1**

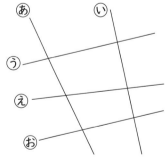

（　　　　　　　　　　　　　）

5 平行な直線のはばについて書いた次の文で、正しいものには〇を、まちがってい
るものには×をつけましょう。

📖教科書　99ページ**2**

① （　　　）2本の平行な直線のはばは、場所によってちがっている。

② （　　　）2本の平行な直線のはばは、どこでも等しくなっている。

ポイント　垂直や平行な直線の調べ方はいくつかありますが、三角じょうぎを使って調べると便利です。

39

② **直線のならび方** [その2]
③ **いろいろな四角形** [その1]

学習の目標・
平行な直線と角度の関係や、四角形のせいしつを知ろう。

おわったら
シールを
はろう

きほんのワーク

教科書 100〜108ページ 答え 8ページ

きほん**1** 平行な直線と角度の関係がわかりますか。

☆平行な2本の直線㋐と㋑に直線㋒が交わっています。カ、キの角度は何度ですか。

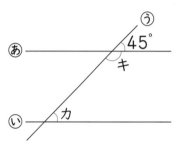

とき方 平行な直線は、他の直線と等しい角度で交わります。

だから、カの角度は、 □° です。

また、キの角度は、

180° − □° = □°

より、 □° です。

答え カ □°   キ □°

---

1 平行な2本の直線㋐と㋑に直線㋒が交わっています。カ、キ、クの角度は何度ですか。

📖教科書 100ページ**3**

カ ( )   キ ( )

ク ( )

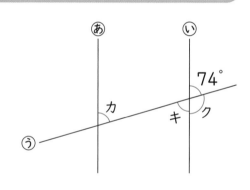

きほん**2** 平行な直線がひけますか。

☆点Aを通って、直線㋐に平行な直線をひきましょう。

A .

㋐ ————————

とき方 ① 直線㋐に、三角じょうぎ㋑の直角のある辺を合わせ、もう1まいの三角じょうぎ㋐を合わせる。

② 直線㋐に合わせた三角じょうぎ㋑を点Aまで動かし、直線をひく。

答え 左の図に記入

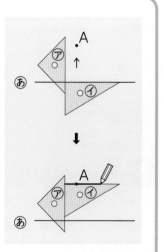

40

さんすうはかせ 「平行」という言葉の「平」の字は「たいらである」という意味、「行」は「すじになってならんでいる」という意味があるんだよ。

2 点Aを通って、直線あに平行な直線を、三角じょうぎを使ってひきましょう。

教科書 102ページ **5**

①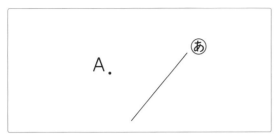

②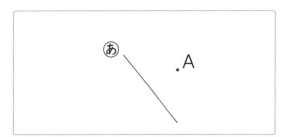

きほん 3 台形や平行四辺形とは、どのような四角形かわかりますか。

☆ 下の四角形の中から、台形と平行四辺形を選びましょう。

とき方 向かい合った1組の辺が平行な四角形
を 台形 といいます。また、向かい合った2
組の辺が平行な四角形を 平行四辺形 と
いいます。三角じょうぎを2つ組み合わせて、
平行な辺を調べます。

たいせつ
平行な辺が1組あるときは「台形」で、2組あるときは「平行四辺形」になります。また、平行四辺形は、向かい合った辺の長さが等しく、向かい合った角の大きさも等しくなっています。

答え 台形… [　] と [　]　　　平行四辺形… [　] と [　]

---

3 右の台形について答えましょう。教科書 104ページ **1**

① 平行な辺は、どれとどれですか。

（　　　　　　　　　　　）

② 角Aと角Cの大きさはいつも同じになっている
といえますか。

（　　　　　　　　　　　）

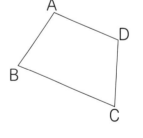

---

4 右の平行四辺形について答えましょう。

教科書 108ページ **3**

① 辺ADの長さは何cmですか。

（　　　　　　　　　　　）

② 角Aの大きさは何度ですか。

（　　　　　　　　　　　）

ポイント 台形や平行四辺形について、今までに学んだ正方形や長方形とのちがいをはっきりさせておきましょう。

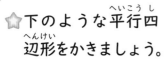
③　いろいろな四角形 [その2]　④　ひし形
⑤　対角線　⑥　四角形のしきつめ

学習の目標・
いろいろな四角形の名前や特ちょう・かき方を覚えよう。

おわったら
シールを
はろう

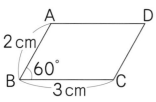
きほんのワーク

教科書 109〜115ページ　答え 8ページ

きほん 1　平行四辺形がかけますか。

☆下のような平行四辺形をかきましょう。

A　　D
2cm
60°
B　3cm　C

とき方　三角じょうぎと分度器、コンパスを使います。

① 3cm の辺BC をかく。

② 角Bが 60°になるように、辺AB をかく。

③ 点A を通って、辺BC に平行な 3cm の辺AD をかく。

④ 点D と点C を結ぶ。

答え

③、④のかわりにコンパスを使って、点C を中心に半径 2cm の円、点A を中心に半径 3cm の円をかき、交わった点をD として、点D の位置を決めることもできるよ。

1 下のような平行四辺形をかきましょう。

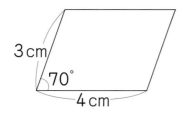

📖教科書 109ページ4

3cm
70°
4cm

きほん 2　ひし形とは、どのような四角形かわかりますか。

☆右の四角形はひし形です。

❶ 辺BC に平行な辺はどれですか。

❷ 角B と大きさの等しい角はどれですか。

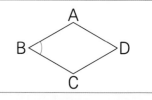
A
B　　D
C

とき方　辺の長さが全部等しい四角形を ┌ひし形┐ といいます。ひし形では、向かい合った ☐ は平行に、また、向かい合った ☐ の大きさは等しくなっています。

ひし形の特ちょう
・辺の長さが全部等しい。
・向かい合った辺は平行。
・向かい合った角の大きさは等しい。

答え ❶ 辺 ☐　❷ 角 ☐

さんすうはかせ　ひし形の名前はヒシの実の形からきているんだよ。ヒシの実を図かんで見てみよう。

2 コンパスを使って、点A、Bをそれぞれ中心にして、半径が3cmの円を2つかいて、A、Bを頂点とするひし形をかきましょう。　📖教科書 110ページ■

ひし形は、辺の長さが全部等しいから、コンパスを使ってかけるんだ。

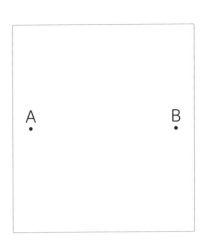

A •　　　　　　　　　　　B •

きほん③ 対角線とは、どのような直線のことかわかりますか。

☆次の2本の直線を対角線とする四角形は、何という四角形ですか。

① ② ③

とき方 向かい合った2つの頂点を結んだ直線を、| 対角線 | といい、四角形によって、2本の対角線の長さや交わり方にそれぞれ特ちょうがあります。

辺の長さや角の大きさが等しいことを──── や ∠ の印で表すよ。

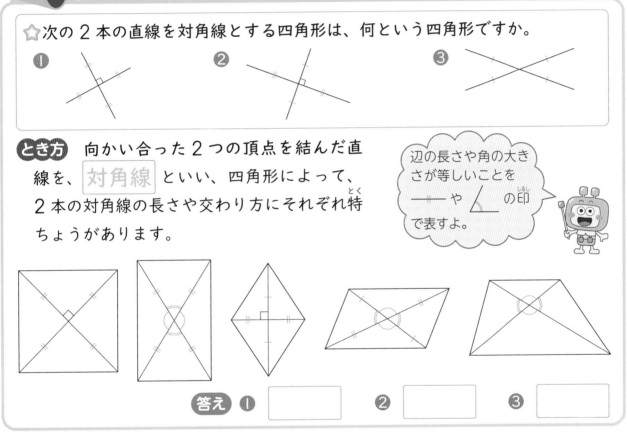

答え ① [　　　]　② [　　　]　③ [　　　]

---

3 次の文で、正しいものには○を、まちがっているものには×を書きましょう。

📖教科書 113ページ❷

① (　　) ひし形の2本の対角線は垂直で、それぞれの真ん中の点で交わっている。

② (　　) 長方形も正方形も、2本の対角線が交わってできる4つの角の大きさがすべて等しい。

③ (　　) 長方形は、2本の対角線の長さが等しい四角形である。

④ (　　) 平行四辺形では、2本の対角線が交わった点から、4つの頂点までの長さがすべて等しい。

ポイント いろいろな四角形の辺・角・対角線について、表などにまとめておくと、特ちょうがはっきりして覚えやすくなります。

練習のワーク

できた数

/9問中

おわったら
シールを
はろう

教科書 92〜117ページ 答え 9ページ

---

1 垂直・平行 □にあてはまる数や言葉を書きましょう。

① 2本の直線が交わってできる角が □ °のとき、この2本の直線は垂直であるといえます。

② 右の図のような2本の直線があります。直線㋑を点線のようにのばしたら、直線㋒との間にできた角が直角でした。このとき、直線㋑と直線㋒は □ であるといえます。

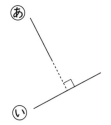

③ 1つの直線に垂直な2本の直線は、□ であるといえます。

2 作図 辺の長さが5cmと3cm、1つの角が70°の平行四辺形をかきましょう。

1cm

1cm

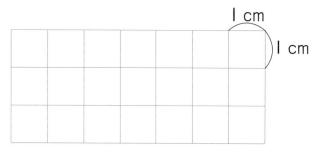

3 いろいろな四角形 □の中に、あてはまる数や言葉を書きましょう。

① 台形は、向かい合った1組の辺が □ な四角形です。

② 平行四辺形は、向かい合った2組の辺が □ な四角形です。また、平行四辺形のとなり合った角の大きさの和は □ °です。

③ ひし形は、辺の長さが全部 □ 四角形です。

④ 向かい合った2つの頂点を結んだ直線を □ といいます。

てびき

2 作図
角度は分度器を使ってはかります。
図のかき方は、
5cmの線をかく。
→ 70°をはかる。
→長さが3cmの辺をかく。
→《1》三角じょうぎを使って、平行線をかく。
《2》コンパスを使って長さをとる。

3 いろいろな四角形

たいせつ☆

台形
・向かい合った1組の辺が平行。

平行四辺形
・向かい合った辺の長さが等しい。
・向かい合った角の大きさが等しい。
・となり合った角の大きさの和は180°になる。

ひし形
・辺の長さが全部等しい。
・向かい合った辺が平行。
・向かい合った角の大きさが等しい。
・2本の対角線は垂直で、それぞれの真ん中の点で交わる。

できるナビ 平行な直線や垂直な直線のかき方、いろいろな四角形のせいしつを理かいしよう。

まとめのテスト

とく点

/100点

おわったら
シールを
はろう

時間
20
分

教科書 92〜117ページ　答え 9ページ

1 よく出る 右の図で、直線あといい、直線うとえは、それぞれ平行です。 1つ10〔20点〕

❶ オの角度は何度ですか。

( )

❷ カの角度は何度ですか。

( )

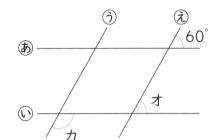

2 よく出る 右の図で、直線あといは平行です。
直線う〜くのうち、平行になっている直線は
どれとどれですか。すべて答えましょう。

〔16点〕

( )

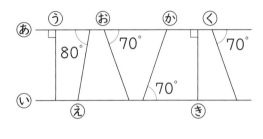

3 よく出る 次のような四角形を、下の ▢ の中からすべて選んで、記号で答えま
しょう。 1つ10〔40点〕

❶ 向かい合った2組の辺が平行な四角形 ( )

❷ 辺の長さが全部等しい四角形 ( )

❸ 2本の対角線が垂直に交わる四角形 ( )

❹ 2本の対角線の長さが等しい四角形 ( )

あ 正方形　　い 長方形　　う 台形　　え 平行四辺形　　お ひし形

4 下の図のような四角形をかきましょう。 1つ12〔24点〕

❶ 平行四辺形

❷ ひし形

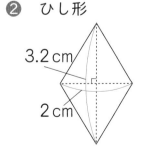

 □ いろいろな四角形の特ちょうを理かいできたかな？
□ 平行な直線と他の直線が交わってできる角の大きさがわかるかな？

45

① **がい数** [その1]

きほんのワーク

学習の目標・
がい数を理かいし、求め方を身につけ、使えるようにしよう。

おわったら
シールを
はろう

教科書 120〜126ページ 答え 9ページ

きほん **1** およその数の表し方がわかりますか。

⭐ 次の数は、およそ何万人とみることができますか。
❶ 22115人　　❷ 27886人

とき方 およそ何万人というときは、千ごとの区切りを考えて、近いほうの数をとります。下の数直線からもわかるように、

数直線を見ながら、22115や27886が20000と30000の真ん中の25000より大きいか小さいかを考えていこう。

```
20000          25000              30000
 |              |                  |
(千の位
 の数字) 0  1    3   4   5   6   7    9
       22115                27886
```

❶ 22115は、30000より20000に近いので、およそ [　　　] 人といえます。

❷ 27886は、20000より30000に近いので、およそ [　　　] 人といえます。

たいせつ
「**およそ**20000」のことを「**約**20000」ともいいます。
およその数のことを「**がい数**」といいます。

答え ❶ およそ [　　] 万人　　❷ およそ [　　] 万人

---

1 次の数直線を見て、答えましょう。　　📖教科書 122ページ**2**

```
          ㋐ 41500        ㋒ 45550      ㋔ 48700
  4万         |     ㋑ 43920    |   ㋓ 47260  |    5万
   |          ↓        |        ↓      |      ↓     |
```

❶ ㋐、㋓はそれぞれ4万と5万のどちらに近いでしょう。

㋐ (　　　　　　　)　㋓ (　　　　　　　)

❷ ㋐〜㋔は、それぞれ約何万と表せますか。

㋐ (　　　　　)　㋑ (　　　　　)　㋒ (　　　　　)

㋓ (　　　　　)　㋔ (　　　　　)

さんすうはかせ けた数の大きな数で正かくに表さなくてもよいときに、がい数を使うよ。たとえば、人口は約1億3千万人、国の予算は約114兆円などと使っているよ。

きほん 2 - がい数にする方法がわかりますか。

☆283613 について、四捨五入（ししゃごにゅう）して、次のがい数にしましょう。

❶ 千の位（くらい）までのがい数　　❷ 上から 2 けたのがい数

とき方　❶　がい数で表すときは、表す位の 1 つ下の位の数字に目をつける 四捨五入 という方法（ほうほう）があります。千の位までのがい数にするときは、千の位の 1 つ下の百の位の数字が

[　　　] なので、切り上げます。

> 四捨五入する位を、まちがえないようにしよう。

❷　上から 2 けたのがい数にするときは、283613 の上から 3 けた目の位の数字が [　　　] なので、切り捨てます。

答え ❶ [　　　　　　]　　❷ [　　　　　　]

四捨五入のしかた

表す位の 1 つ下の位の数字が、
0、1、2、3、4 のときは、切り捨てます。
5、6、7、8、9 のときは、切り上げます。

❶
$$\begin{array}{c} 2\,8\,3\,\overset{4}{\cancel{6}}\,1\,3 \\ \downarrow \\ 2\,8\,4\,0\,0\,0 \end{array}$$

❷
$$\begin{array}{c} 2\,8\,3\,6\,1\,3 \\ \downarrow \\ 2\,8\,0\,0\,0\,0 \end{array}$$

---

2 4 つの市の人口を調べたら、右のようになりました。　📖教科書 122ページ❷

❶　約何万人（やく）とがい数で表すとき、何の位の数字に目をつければよいですか。　（　　　　　　）

❷　4 つの市の人口はそれぞれ約何万人と表せますか。

東市（　　　　　　）　　西市（　　　　　　）

南市（　　　　　　）　　北市（　　　　　　）

4つの市の人口

市	人口(人)
東	178320
西	62873
南	127038
北	89265

3 四捨五入して、（　）の中の位までのがい数にしましょう。　📖教科書 124ページ❸

❶ 64720（一万）（　　　　　　）　　❷ 45001（千）（　　　　　　）

❸ 15863（一万）（　　　　　　）　　❹ 24999（千）（　　　　　　）

4 四捨五入して、上から 1 けたのがい数にしましょう。　📖教科書 125ページ❹

❶ 743105（　　　　　　）　　❷ 265816（　　　　　　）

❸ 30928（　　　　　　）　　❹ 899513（　　　　　　）

ポイント　がい数にするときは、がい数で表したい位の 1 つ下の位の数字を四捨五入します。「上から○けたのがい数」にするときは、もとの数のけた数によって四捨五入する位が変（か）わります。

47

① **がい数** [その2]
② **がい数の計算** [その1]

学習の目標・
がい数の表すはんいを
考えたり、答えの見当
をつけてみよう。

おわったら
シールを
はろう

きほんのワーク

教科書 126〜129ページ　答え 10ページ

きほん 1　がい数の表すはんいがわかりますか。

☆ 四捨五入して、十の位までのがい数にしたとき、210 になる整数の中で、一番小さい数と一番大きい数はいくつですか。

とき方　一の位の数字を四捨五入したとき、210 になる整数のはんいは、

200　205　210　215　220

200になる
はんい　　210になる
はんい　　220になる
はんい

□ から □ までです。

答え 小 □　大 □

たいせつ☆

一の位の数字を四捨五入して 210 になる数のはんいは「205 以上 215 未満」です。また、一の位の数字を四捨五入して 210 になる整数のはんいは「205 以上 214 以下」です。

以上…その数に**等しいか**、その数**より大きい**数を表す。
未満…その数**より小さい**数を表す（その数は入らない）。
以下…その数に**等しいか**、その数**より小さい**数を表す。

さんこう

図で表すと
205 以上 215 以下
205　210　215

205 以上 215 未満
205　210　215

1 四捨五入して、百の位までのがい数にしたとき、2800 になる整数のはんいを、以上、未満を使って表しましょう。

📖教科書　126ページ**5**

（　　　　　　　）

2 四捨五入して、百の位までのがい数にしたとき、17200 になる整数のはんいを、以上、以下を使って表しましょう。

📖教科書　126ページ**5**

（　　　　　　　）

3 四捨五入して、千の位までのがい数にしたとき、8000 になる整数のはんいを、以上、以下を使って表しましょう。

📖教科書　126ページ**5**

（　　　　　　　）

さんすうはかせ　がい数は、細かな数が必要でなく、大まかに数の大きさがわかればよいときに使うよ。生活の中では、「およそ3000人」「約50000円」「だいたい2km」などと使うよ。

☆クラス会で動物園に行き、交通費は 43200 円、昼食の代金は 38475 円、入場料は 18900 円かかりました。合計で約何万円になりますか。

とき方 約何万円かを考えるので、千の位の数字を四捨五入してがい数にしてから、たし算をします。

43200 → ☐   38475 → ☐

18900 → ☐   合計は ☐ +

☐ + ☐ = ☐

たいせつ☆

和や差を見積もる(見当をつける)には、求めたい位までのがい数にすると計算しやすくなります。

答え 約 ☐ 万円

❹ 296531 と 623849 の和と差を、一万の位までのがい数で求めましょう。

📖教科書 129ページ**1**

それぞれの数をまず一万の位までのがい数にしよう。

和 (   )   差 (   )

❺ ある水族館では、昨日の入館者が 12167 人で、今日は 8842 人でした。昨日と今日の入館者の合計は、約何千人ですか。

📖教科書 129ページ**1**

(   )

❻ あるおかし店では、今日のケーキの売り上げが 248279 円で、昨日のケーキの売り上げが 196542 円でした。今日の売り上げは昨日の売り上げより約何万円多いですか。

📖教科書 129ページ**1**

(   )

ポイント 何のために見当をつけるのかを考え、目的にあった方法でがい数にして、和・差・積・商の大きさの見当をつけられるようになりましょう。

勉強した日 ▶　　月　　日

② がい数の計算 [その2]

きほんのワーク

学習の目標・
積や商の見積もりや切り上げ、切り捨てをまちがえずにやろう。

おわったらシールをはろう

教科書 130～132ページ　　答え 10ページ

きほん 1 積を見積もることができますか。

☆3年生と4年生の合わせて187人が遠足に行きます。1人415円のひ用がかかります。全体では約何円になりますか。

とき方 上から1けたのがい数にすると、

1人分のひ用415円は約400円、

人数187人は約 [　　　] 人になるので、

400× [　　　] = [　　　]

かけ算では、けた数をまちがえないためにも、積を見積もることが大切だね。

ちゅうい

積を見積もるときは、かけられる数もかける数も上から1けたのがい数などにすると、計算しやすくなります。

答え 約 [　　　] 円

1 重さ315gのかんづめが192こあります。重さの合計は約何kgになりますか。

📖教科書 130ページ❷

(　　　　　　　)

きほん 2 商を見積もることができますか。

☆子どもたちのお楽しみ会で、3165円を5等分して、グループごとにおやつを買うことになりました。1グループのおやつ代は、約何円になりますか。

とき方 3165円を約 [　　　] 円とみて、商の大きさを見積もると、

[　　　] ÷ [　　　] = [　　　]　　**答え** 約 [　　　] 円

答えの見当をつけることは大切だよ。

2 ある工場では1日に888このあめをつくります。このあめを6こずつふくろにつめると、1日に約何ふくろできますか。

📖教科書 130ページ❷

(　　　　　　　)

さんすうはかせ がい数についての計算を「がい算」というよ。ふだんの生活では、がい算で見当をつけることによって、見通しがたち便利になることが多くあるよ。

☆165円のノート、325円のはさみ、120円のボールペン、95円の消しゴムがあります。

❶ 全部1つずつ買うときの代金の合計は、およそいくらになりますか。

❷ ノートとボールペンと消しゴムを1つずつ買うと、500円で足りるか、見積もりましょう。

❸ ノートとはさみとボールペンを1つずつ買うと、代金が500円以上（い じょう）になるか、見積もりましょう。

とき方 ❶ 四捨五入（し しゃ ご にゅう）して百の位（くらい）までのがい数にしてから、代金の合計を見積もります。

$$165 + 325 + 120 + 95$$
$$\downarrow \quad \downarrow \quad \downarrow \quad \downarrow$$
$$200 + \boxed{} + \boxed{} + \boxed{} = \boxed{}$$

❷ 多めに考えて、500円をこえなければよいので、切り上げて百の位までのがい数にして考えます。

$$165 + 120 + 95$$
$$\downarrow \quad \downarrow \quad \downarrow$$
$$200 + \boxed{} + \boxed{} = \boxed{}$$

❸ 少なめに考えて、500円をこえていればよいので、切り捨てて（す）百の位までのがい数にして考えます。

$$165 + 325 + 120$$
$$\downarrow \quad \downarrow \quad \downarrow$$
$$100 + \boxed{} + \boxed{} = \boxed{}$$

答え ❶ 約 $\boxed{}$ 円　❷ $\boxed{}$　❸ $\boxed{}$

ちゅうい

和や差の大きさの見当をつけるには、求めよう（もと）とする位までのがい数にしてから計算します。
多めに見積もったほうがよい場合は切り上げて、
少なめに見積もったほうがよい場合は切り捨てて、計算します。

3 のりこさんは、130円のポテトチップスと285円のチョコレートと98円のあめと325円のクッキーを買おうと思います。1000円で足りるか、見積もりましょう。

📖教科書 131ページ**3**

（　　　　　　　　　　）

4 たかしさんは、1月に455円、2月に310円、3月に362円のちょ金をしました。このちょ金で1000円の本が買えるか、見積もりましょう。

📖教科書 131ページ**3**

（　　　　　　　　　　）

ポイント 切り上げて多めのがい数にして見積もったほうがよいときと、切り捨てて少なめのがい数にして見積もったほうがよいときの、使い分けをしましょう。

7 およその数を調べよう ■がい数

練習のワーク

教科書 120〜134ページ　答え 10ページ

できた数
/11問中

おわったら
シールを
はろう

1 およその数　次のうち、がい数を使ってもよいものを全部選びましょう。

㋐　100m泳ぐのにかかった時間
㋑　1年間に旅行に行った人数
㋒　プール内の水の量
㋓　バスケットボールの試合でとった得点

（　　　　　　　　　　　）

2 がい数の求め方　四捨五入して、（　）の中の位までのがい数にしましょう。

① 17481（千）　　　　② 359621（千）

（　　　　　　　）　　　（　　　　　　　）

③ 756723（一万）　　④ 821900（十万）

（　　　　　　　）　　　（　　　　　　　）

3 がい数のはんい　四捨五入して、百の位までのがい数にしたとき、7100になる整数の中で、一番大きい数と、一番小さい数はいくつですか。

一番大きい数（　　　　　　　）　一番小さい数（　　　　　　　）

4 がい数を使った計算　①、②は、和や差を、千の位までのがい数で求めましょう。また、③、④は、上から1けたのがい数にして、積や商の大きさを見積もりましょう。

① 3861＋5123　　　　　　　　（　　　　　　　）

② 20848−8843　　　　　　　　（　　　　　　　）

③ 42580×28　　　　　　　　　（　　　　　　　）

④ 89745÷5　　　　　　　　　　（　　　　　　　）

てびき

1 およその数
およその数は正かくに表さなくてもよいときに使います。

2 がい数の求め方
およその数のことを「がい数」といいます。
がい数にするには、四捨五入がよく使われます。
0、1、2、3、4のときは、切り捨て、5、6、7、8、9のときは、切り上げます。
四捨五入するときは、何の位の数字を四捨五入するかに注意しましょう。

3 がい数のはんい
「以上」「以下」「未満」の使い分けを、たしかめておきましょう。

たいせつ
以上…その数に等しいか、その数より大きい。
以下…その数に等しいか、その数より小さい。
未満…その数より小さい。

できるナビ　どの位までのがい数にするのかに気をつけて計算していこう。

まとめのテスト

教科書 120〜134ページ　答え 10ページ

1 206458 を四捨五入して、上から 3 けたのがい数にしましょう。〔20点〕

(　　　　　)

2 四捨五入して、百の位までのがい数にするとき、400 になる整数のはんいを、以上、以下を使って表しましょう。〔20点〕

(　　　　　)

3 まいさんはハイキングで、駅から右のようなコースを歩いて 1 周しました。歩いた道のりは約何 m になるか、百の位までのがい数にして、見積もりましょう。〔20点〕

```
駅 ─965m→ 滝 ─1233m→ 山ちょう
│460m                    │874m
博物館 ←740m─ お寺 ←906m─ お花畑
```

(　　　　　)

4 1 本 74 円のジュースを 28 本買うと、代金は約何円になりますか。四捨五入して、上から 1 けたのがい数にして、見積もりましょう。〔20点〕

(　　　　　)

5 480 円のショートケーキと 590 円のチョコレートケーキと 640 円のフルーツケーキを 1 つずつ買います。1800 円で足りるかどうかを、切り上げや切り捨てを使って答えましょう。〔20点〕

(　　　　　)

ふろくの「計算練習ノート」19ページをやろう!

チェック✔
□ 四捨五入のしかたが理かいできたかな?
□ がい数の計算のしかたが理かいできたかな?

53

⑧ 2けたの数のわり算のしかたを考えよう ■2けたの数でわる計算

① **何十でわる計算**
② **（2けた）÷（2けた）の筆算** ［その1］

学習の目標・
2けたの数でわる計算を考え、筆算ができるようになろう。

おわったら
シールを
はろう

きほんのワーク

教科書 135〜139ページ　答え 11ページ

きほん1 何十でわる計算のしかたがわかりますか。

☆80このかきを1箱に20こずつ入れます。箱は何箱いりますか。

とき方 80このかきを同じ数ずつ分けるので、わり算で計算します。式は、80 □ □ で、10をもとにして考えると、80÷20の商は8÷2の商と同じだから、

80÷20＝ □

答え □ 箱

10が8こ
⑩⑩⑩⑩
⑩⑩⑩⑩
20が（8÷2）こ

80から20は何ことれるか考えるんだね。

1 計算をしましょう。　　　　教科書 135ページ**1**

❶ 50÷10　　　❷ 160÷40　　　❸ 210÷70

❹ 200÷50　　　❺ 560÷80　　　❻ 720÷80

きほん2 何十でわる計算のあまりを求めることができますか。

☆140÷30の計算をしましょう。

とき方 10をもとにして考えると、140÷30の商は、14÷3＝4あまり2から □ ですが、あまりの2は10が2こあることを表しているので、

140÷30＝ □ あまり □

答え □

⑩⑩⑩⑩⑩
⑩⑩⑩⑩⑩
⑩⑩⑩⑩

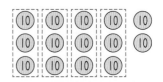
わる数×商＋あまり＝わられる数でたしかめをしておけばいいね。

2 計算をしましょう。　　　　教科書 137ページ**2**

❶ 190÷50　　　❷ 290÷30　　　❸ 490÷60

さんすうはかせ 【外国の筆算（1）】外国のわり算の筆算の書き方は日本の書き方とはちがっているよ。いろいろと調べてみよう。おとなりの韓国では日本と同じように書くんだ。

3 計算をしましょう。また、答えのたしかめもしましょう。　📖 教科書　137ページ②

① 110÷20　　　　　**②** 270÷60　　　　　**③** 360÷70

たしかめ　　　　　　　　たしかめ　　　　　　　　たしかめ

(　　　　　　　)　　(　　　　　　　)　　(　　　　　　　)

④ 450÷60　　　　　**⑤** 850÷90　　　　　**⑥** 700÷80

たしかめ　　　　　　　　たしかめ　　　　　　　　たしかめ

(　　　　　　　)　　(　　　　　　　)　　(　　　　　　　)

きほん3 2けたの数でわる筆算のしかたがわかりますか。

☆93 このおはじきを 22 こずつふくろに入れます。何ふくろできて、何こあまりますか。

とき方 22 こずつに分けるので、式は 93 ☐ ☐ で、計算は筆算でします。わる数の 22 を **20** とみて、商の見当をつけます。商がたつ位に注意しましょう。

$$22\overline{)93} \quad \rightarrow \quad 22\overline{)93} \quad \rightarrow \quad 22\overline{)93}$$

見当をつけた商の 4 を一の位にたてる。　　22 と 4 をかける。　　93 から 88 をひく。

わる数の 22 より小さい数がでたら、その数があまりになる。

たいせつ
わる数 × 商 ＋ あまり ＝ わられる数
の式にあてはめて、22×4＋5 が 93 になるか、たしかめましょう。

93÷22＝ ☐ あまり ☐

答え ☐ ふくろできて、☐ こあまる。

4 筆算をしましょう。　📖 教科書　138ページ①

① $11\overline{)66}$　　　**②** $23\overline{)92}$　　　**③** $43\overline{)90}$　　　**④** $37\overline{)75}$

ポイント　2けたの数でわり算をするときは、何十の数と考えて、商の見当をつけてから計算しましょう。

② （2けた）÷（2けた）の筆算 [その2]
③ （3けた）÷（2けた）の筆算 [その1]

きほんのワーク

教科書　140〜145ページ　答え　11ページ

きほん1 商の見当のつけ方がわかりますか。

☆ 85÷23 の計算をしましょう。

とき方　筆算では、わる数の 23 を 20
とみて、商の見当をつけます。

 20×4＝80 だから、商を 4 にしてみよう。

```
        4    1小さくする →      3
  23)8 5              23)8 5
     □□                  6 9
      ↓                   □□
   ひけない
```

ちゅうい
商の見当をつけるときは、わる数に近い何十の数を使います。見当をつけた商が大きすぎたときは、商を1つずつ小さくしていきます。

答え ［　　　　］

---

1 筆算をしましょう。　　　　　　　📖教科書　140ページ②

① 12)69　　② 32)93　　③ 24)85　　④ 13)81

きほん2 見当をつけた商が小さすぎたとき、どうするかわかりますか。

☆ 73÷17 の計算をしましょう。

とき方　筆算では、わる数の 17 を 20 とみて、
商の見当をつけます。

 20×3＝60だから、商には3がたちそうだね。

```
        3    1大きくする →      □
  17)7 3              17)7 3
     5 1                  6 8
     □□                    5
      ↓                    ↓
 わる数より大きい      もうひけない
 （まだひける）       （あまりになる）
```

ちゅうい
見当をつけた商が小さすぎたときは、商を1つずつ大きくしていきます。

答え ［　　　　］

---

2 筆算をしましょう。　　　　　　　📖教科書　141ページ③

① 18)74　　② 19)96　　③ 26)79　　④ 27)87

 さんすうはかせ

【外国の筆算（2）】48÷9＝5 あまり3の筆算を
右のように書いたりする国もあるよ。

```
《1》    5        《2》 48：9＝5
     48：9            45
     45              ――
     ――               3
      3
```

きほん ③ （3けた）÷（2けた）の筆算ができますか。

☆ブレスレットは 48 このビーズで 1 こつくれます。360 このビーズでは、ブレスレットは何こできて、ビーズは何こあまりますか。

とき方 式は、360 □ □ です。わられる数が 3 けたになっても、商の見当のつけ方は同じです。わる数の 48 を □ とみて、商の見当をつけると、商は 7 になりそうです。

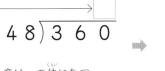

商は一の位にたつ。
わる数を 50 とみると
商は 7 になる。

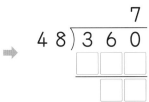

わる数の 48 より小さいことをかくにんする。

> 360 は、48 の 10 倍より小さいね。だから、商は何の位にたつかな。

360÷48＝ □ あまり □

答え □ こできて、□ こあまる。

③ 筆算をしましょう。

📖 **教科書** 143ページ**1**

①
$$37\overline{)280}$$

②
$$43\overline{)363}$$

③
$$19\overline{)123}$$

きほん ④ 商が十の位からたつ筆算ができますか。

☆370÷25 の計算をしましょう。

とき方 どの位から商がたつかを見つけるため、百の位からずらしながら、見当をつけていきます。

答え □

百の位の計算

$$25\overline{)370}$$

3÷25 だから、百の位に商はたたない。

十の位の計算

$$25\overline{)370}$$
$$25$$

37÷25 で、十の位に商の 1 をたてる。
37÷25
＝1 あまり 12

一の位の計算

$$25\overline{)370}$$
$$25$$
$$120$$
$$100$$

0 をおろす。120÷25 で一の位に商の 4 をたてる。
120÷25＝4 あまり 20

④ 筆算をしましょう。

📖 **教科書** 144ページ**2**
145ページ**3**

①
$$29\overline{)990}$$

②
$$38\overline{)825}$$

③
$$42\overline{)796}$$

 ポイント 見当をつけた商が大きすぎたときは 1 つずつ小さくし、小さすぎたら 1 つずつ大きくしていきます。

57

③ (3けた)÷(2けた)の筆算 [その2]
④ 大きな数のわり算の筆算

きほんのワーク

教科書 145〜146ページ　答え 11ページ

きほん1 商の一の位に 0 のたつわり算ができますか。

⭐607÷56 の計算をしましょう。

商の一の位に、0を書きわすれないようにしよう。

とき方 商の見当をつけて、わり算をします。

十の位に
商の 1 がたつ。

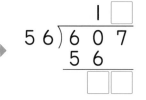
わる数の 56 より
小さくなった。

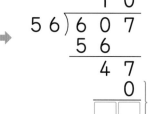

書かずに省くことができる。

答え ☐

---

1 筆算をしましょう。

📖教科書　145ページ3

① 13)791

② 23)712

③ 17)865

きほん2 大きな数のわり算の筆算ができますか。

⭐6817÷32 の計算をしましょう。

商をたてる→かける→ひく→おろすをくり返していけばいいんだね。

とき方 わられる数が大きい数になっても、筆算は大きい位から順に考えていきます。

32)6817

6÷32 だから、千の位に商はたたない。

32)6817
　64
68÷32 で、百の位に商の 2 をたてる。
68÷32=2 あまり 4

2☐
32)6817
　64
　41
　32
☐
1をおろす。
41÷32 で、十の位に
商の 1 をたてる。
41÷32=1 あまり 9

21☐
32)6817
　64
　41
　32
　　97
　　96
　　☐
7をおろす。
97÷32 で、一の位に
商の 3 をたてる。
97÷32=3 あまり 1

答え ☐

58

2 筆算をしましょう。　教科書　146ページ**1**

① 　28)8250

② 　15)9480

③ 　49)3822

きほん 3　わる数が３けたになっても筆算ができますか。

☆832gのさとうを185gずつふくろに分けます。何ふくろできて、何g
　あまりますか。

とき方　式は □ ÷ □ です。わる数の
185を200とみて、商の見当をつけます。

200×4＝ □ 　 □ ＜ 832

200×5＝ □ 　 □ ＞ 832

商は □ と見当をつけます。　**答え** □ ふくろできて、 □ gあまる。

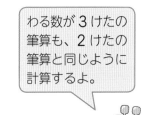

筆算は、 □
185)832
　　740
　　 92

3 筆算をしましょう。　教科書　146ページ**1**

① 　273)920

② 　189)648

わる数が３けたの
筆算も、２けたの
筆算と同じように
計算するよ。

③ 　143)775

④ 　297)8193

⑤ 　317)9999

⑥ 　152)7968

ポイント　わる数やわられる数が大きくなっても商の見当をつけることが大切です。

⑤ わり算のきまり
⑥ かけ算かな、わり算かな

きほんのワーク

学習の目標・
わり算のきまりを使ってくふうして計算できるようにしよう。

おわったらシールをはろう

教科書 147〜149ページ
答え 12ページ

きほん 1 わり算のきまりを使って、くふうして計算できますか。

☆1800÷600 の計算をしましょう。

とき方 100をもとにして、わられる数とわる数をそれぞれ100でわって考えます。

1800÷600 = ☐ ÷6 = ☐

答え ☐

たいせつ
わり算では、わられる数とわる数に同じ数をかけても、同じ数でわっても、商は変わりません。

$$1800 \div 600 = \boxed{3}$$
$$\downarrow \div 100 \quad \downarrow \div 100$$
$$18 \div 6 = \boxed{3}$$
$$\downarrow \times 100 \quad \downarrow \times 100$$
$$1800 \div 600 = \boxed{3}$$

変わらない。

---

1 くふうして計算しましょう。

📖教科書 147ページ**1**
148ページ**2**

① 3500÷700

② 4000÷100

③わられる数とわる数を8でわってみよう。
④25×4＝100を使うといいよ。

③ 80÷16

④ 400÷25

きほん 2 終わりに0のある数のわり算をくふうしてできますか。

☆2400÷500 の計算を筆算でしましょう。

とき方 終わりに0のある数のわり算は、右のように、わる数とわられる数の0を、同じ数だけ消してから筆算で計算することができます。
あまりを求めるときは、消した0の数だけあまりに ☐ をつけます。

答え ☐

```
        4
500)2400
     20
あまりは→ 4
400になる。
```

たいせつ
| わる数 |×| 商 |＋| あまり |＝| わられる数 |
の式にあてはめて、たしかめをしましょう。

---

60  わり算のせいしつから、商が同じになるわり算の式をいくつもつくれることがわかります。これは、5年生で学習する約分・通分につながります。

📖 教科書 148ページ❸

❷ 計算をしましょう。

❶ 7500÷600　　　❷ 6600÷400　　　❸ 8200÷300

❹ 9400÷500　　　❺ 79000÷2000　　　❻ 59000÷3000

きほん❸　図を使って考えることができますか。

☆84 まいの画用紙を 12 人の子どもに同じ数ずつ分けます。1 人分のまい数
は何まいですか。

とき方　数直線図をかくと、次のようになります。

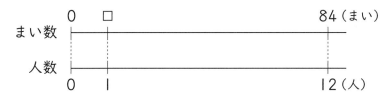

1 人分のまい数は、□□□□算で計算します。

84 □ 12 ＝ □　　　　　答え □ まい

❸ テープがあります。このテープを子ども会で、子ども 13 人に配ると、1 人分は
65cm になりました。はじめにテープは何cm ありましたか。この問題に合う
数直線図を次のあ、いから選びなさい。また、式を書いて、答えを求めましょう。

📖 教科書 149ページ❶

あ　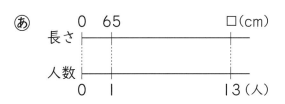　　　い　

式

答え 図（　　　）　テープ（　　　　　　　）

ポイント　わり算のきまりを使うと、計算がしやすくなり便利です。0 を消したわり算では、消した 0
の数だけあまりに 0 をつけることをわすれないようにしましょう。

練習のワーク

できた数

/15問中

おわったら
シールを
はろう

1 何十でわる計算　計算をしましょう。

① 220÷20

② 730÷60

2 2けたでわる筆算　計算をしましょう。

① 57÷19

② 71÷24

③ 153÷18

④ 670÷33

⑤ 325÷25

⑥ 935÷47

3 3けたでわる筆算　計算をしましょう。

① 893÷129

② 969÷323

③ 820÷205

④ 959÷416

4 (3けた)÷(2けた)の筆算　色画用紙が485まいあります。23人で同じ数ずつ分けると、1人分は何まいになって、何まいあまりますか。

式

答え (　　　　　　　　　　　　　)

5 わり算のきまり　くふうして計算しましょう。

① 540÷90

② 6000÷500

てびき

1 何十でわる計算
10をもとにして計算します。
あまりは、
10×(あまりの数)
になることに注意しましょう。

2 **3** わり算の筆算
商の見当をつけてから計算しましょう。
わられる数やわる数を何十や何百とみて考えます。

4 商のたつ位に気をつけて計算しましょう。

たしかめをして、「わられる数」になるか、かくにんしよう。

5 わり算のきまり
わり算では、わられる数とわる数を同じ数でわっても、商は変わらないことを利用します。

できるナビ　けた数の大きいわり算は商の見当をつけながら計算していこう。

 まとめのテスト

教科書 135～151ページ 答え 12ページ

時間 20分

とく点 /100点

おわったら
シールを
はろう

1 よく出る 計算をしましょう。 1つ6〔36点〕

① 56÷16

② 245÷46

③ 864÷21

④ 3500÷70

⑤ 2604÷42

⑥ 6996÷29

2 ある数を 25 でわると、商が 5 であまりは 5 です。この数を 30 でわると、答えはいくつになりますか。 1つ8〔16点〕

式

答え (   )

3 折り紙が 255 まいあります。36 人で同じ数ずつ分けると、1 人分は何まいになって、何まいあまりますか。 1つ8〔16点〕

式

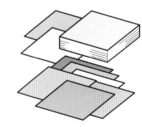

答え (   )

4 672 まいのカードがあります。これを 12 まいずつ束にします。何束できますか。 1つ8〔16点〕

式

答え (   )

5 赤いひもが 88m46cm あります。クラスの 28 人で同じ長さずつ分けると、1 人分は何cm になって、何cm あまりますか。 1つ8〔16点〕

式

答え (   )

 ☑ □ (2けた)÷(2けた) の筆算ができたかな？
□ (3けた)÷(2けた) の筆算ができたかな？

ふろくの「計算練習ノート」8～13ページをやろう！

9 2つの量の変わり方を調べよう ■変わり方

① 変わり方

きほんのワーク

教科書 153〜159ページ　答え 13ページ

きほん 1 　2つの量の関係を式に表すことができますか。

☆8このおはじきを、ひろしさんとさやかさんの2人で分けます。このとき、ひろしさんのおはじきの数を○こ、さやかさんのおはじきの数を△ことして、○と△の関係を式に表しましょう。

とき方　2人のおはじきの数を表に表すと、 　　　　　　　|ふえる

ひろしさん○（こ）	0	1	2	3	4	5	6	7	8
さやかさん△（こ）	8	7	6	5	4	3	2	1	0

　　　　　　　　　　　　　　　　　　　　　　8　8　　|へる

表をたてに見ると、
0＋8＝8
1＋7＝8
2＋6＝8
　⋮
となっているね。

言葉の式に表すと、

| ひろしさんの数 | ＋ | さやかさんの数 | ＝ | □ |

となるので、○＋△＝ □ と表せます。

答え ○＋△＝ □

---

1 今、たかしさんは10さいで、弟は6さいです。2人のたん生日は同じです。2人の年れいを、右の表にまとめ、たかしさんの年れいを○さい、弟の年れいを△さいとして、○と△の関係を式に表しましょう。

 教科書 154ページ1

たかしさん（さい）	10	11	12	13
弟　　　（さい）				

（　　　　　　　　　　）

きほん 2 　2つの量の変わり方を調べることができますか。

☆1辺が1cmの正方形のあつ紙を、右の図のようにならべて、正方形をつくります。15だんのときの、まわりの長さは何cmですか。

1だん　2だん　3だん　　4だん　……

とき方　だんの数が1だんずつふえると、まわりの長さは □ cmずつふえます。

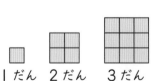

だんの数　（だん）	1	2	3	4	5	6
まわりの長さ（cm）	4	8	12	16	20	24

また、まわりの長さを表す数は、だんの数の □ 倍です。だんの数を○だん、まわりの長さを△cmとして式に表すと、○× □ ＝△より、だんの数が15だんのときのまわりの長さは15× □ ＝ □ と求めます。　**答え** □ cm

---

さんすうはかせ　2つの量があって、一方が変わればもう一方も変わるようなとき、「ともなって変わる量」というよ。身のまわりにはいろいろあるからさがしてみよう。

❷ 1こ60円のおかしを買います。
📖教科書 158ページ❸

おかしの数（こ）	1	2	3	4
代金 　　　　（円）	60			

❶ おかしの数とその代金を調べて、右上のような表をつくりましょう。

❷ おかしの数が12このとき、代金はいくらですか。 （　　　　　）

❸ 代金が900円になるのは、おかしを何こ買ったときですか。
（　　　　　）

きほん❸ 2つの量の関係をグラフに表すことができますか。

☆下の表は、空の水そうに水を入れていったときの時間と水の深さを表したものです。時間と水の深さの関係を、グラフに表しましょう。

水の深さの変わり方

時間　　（分）	0	1	2	3	4	5	6	7	8	9	10
水の深さ(cm)	0	2	4	6	8	10	12	14	16	18	20

(cm)水の深さの変わり方

とき方 時間を横のじく、水の深さをたてのじくにとって点をうち、順に直線で結びます。

さんこう 時間を○分、水の深さを△cmとして、○と△の関係を式に表すと、○×2＝△となります。
このとき、グラフは直線となって、○の数が1ふえるごとに△の数は2ずつふえます。また、○の数が2倍、3倍、…になると、△の数も2倍、3倍、…になっています。

点は、まっすぐにならんでいて、時間がふえると、それにつれて水の深さもふえているね。

答え 上の問題に記入

❸ 大きな入れ物に水を1dL、2dL、3dL、…と入れていったとき、全体の重さがどのように変わっていくかを調べて表をつくりました。
📖教科書 159ページ❹

全体の重さの変わり方

水のかさ（dL）	1	2	3	4	5	6
全体の重さ(g)	250	350	450	550	650	750

❶ 水のかさと全体の重さの関係を、グラフに表しましょう。

❷ 水を8dL入れたとき、全体の重さは何gですか。
（　　　　　）

2つの量の間にある関係を式に表すときに、言葉の式を書いてそれにあてはめてみたり、表の数の横やたての関係を考えてみることが大切です。

勉強した日　月　日

できた数

/5問中

おわったら
シールを
はろう

教科書 153〜161ページ　答え 13ページ

1 変わり方と表・式　　1辺の長さが1cmの正三角形をならべて、下のような正三角形をつくっていきます。

1だん

2だん

3だん

……

① だんの数とまわりの長さを調べて、次のような表をつくりましょう。

だんの数　（だん）	1	2	3	4	5
まわりの長さ(cm)	3	6		12	

② だんの数を○だん、まわりの長さを△cm として、○と△の関係を式に表しましょう。

（　　　　　　　　）

③ だんの数が25だんのとき、まわりの長さは何cm ですか。
式

答え（　　　　　　　）

④ まわりの長さが84cm のとき、だんの数は何だんですか。
式

答え（　　　　　　　）

⑤ まわりの長さがはじめて1m をこえるのは、だんの数が何だんのときですか。
式

答え（　　　　　　　）

てびき

1 変わり方と表・式
2つの量の関係は表をつくると、はっきりします。

「和や差が決まった数になる」、「何倍の関係にある」など、いろいろな関係が考えられます。
まよったときは、言葉の式を書いてみましょう。

ヒント

①の表は、たて方向に見ると、まわりの長さはだんの数の3倍の関係になっています。
横方向に見るとまわりの長さは3ずつふえています。
③、④は、関係を表す式(②)を利用します。
25だん→○＝25
84cm →△＝84

実さいの図をかいていくと変わり方の様子がわかってくるよ。

できるナビ　2つの量の関係は、和、差、積、商のうちのどれが等しくなるか考えよう。

まとめのテスト

時間 **20** 分

とく点

/100点

おわったら
シールを
はろう

---

1 よく出る おはじきが 10 こあります。　　　　　　　　　　　　1つ16〔32点〕

① このおはじき全部を右手と左手に持ったとき、右手に持った数と左手に持った数の関係を調べて、下のような表をつくりましょう。

右手に持った数（こ）	0	1	2		5	6	7	8	9	10
左手に持った数（こ）	10	9	8	7	6					

② 右手に持った数を○こ、左手に持った数を△ことして、○と△の関係を式に表しましょう。

（　　　　　　　　　　　　）

---

2 よく出る 横の長さが、たての長さより 3cm 長い長方形をかきます。　　1つ17〔34点〕

① たての長さと横の長さの関係を調べて、下のような表をつくりましょう。

たての長さ（cm）	1	2	3	4	5	6	7
横の長さ　（cm）	4	5	6				

② たての長さを○cm、横の長さを△cm として、○と△の関係を式に表しましょう。

（　　　　　　　　　　　　）

---

3 1 こ 100 円のチョコレートを買います。　　　　　　　　　　　1つ17〔34点〕

① 買うチョコレートの数とその代金を調べて、下のような表をつくりましょう。

買う数　　（こ）	1	2	3	4	
代金　　　（円）	100	200			500

② 買うチョコレートの数を○こ、代金を△円として、○と△の関係を式に表しましょう。

（　　　　　　　　　　　　）

チェック ✓
□ 2つの量の変わり方を表す表をつくることができたかな？
□ 2つの量の変わり方の関係を式に表すことはできたかな？

10 倍の計算を考えよう　■倍とかけ算、わり算

① 倍とかけ算、わり算

きほんのワーク

教科書　164〜168ページ　　答え　14ページ

きほん **1**　何倍かした数を求めることができますか。

☆ オレンジは 120 円で、メロンのねだんはオレンジのねだんの 8 倍です。メロンはいくらですか。

とき方　図をかいて考えます。

もとにする数の何倍かになっている数を求めるには、かけ算を使います。

オレンジのねだん 120 円をもとにするので、式は 120×□=□ になります。

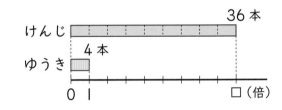

メロン　　　　　　　　　　　　　□円
オレンジ　120 円
0　1　　　　　　　　　　8（倍）

わり算で、たしかめをしてみよう。

たいせつ☆
120 円を 1 とみたとき、8 にあたる大きさが 960 円になります。

答え　□ 円

1 けんじさんは 36 本、ゆうきさんは 4 本の色えん筆を持っています。けんじさんは、ゆうきさんの何倍の色えん筆を持っていますか。　　教科書　164ページ**1**

けんじ　　　　　　　　　　　　36 本
ゆうき　4 本
0　1　　　　　　　　　　□（倍）

式

答え（　　　　　　　　）

2 かけるさんの年れいは 8 さいです。お父さんの年れいは、かけるさんの年れいの 6 倍です。お父さんは何さいですか。　　教科書　165ページ**2**

式

答え（　　　　　　　　）

3 物語の本のページ数は、84 ページで、絵本のページ数の 7 倍です。絵本は何ページありますか。　　教科書　166ページ**3**

物語　　　　　　　　　　　　84 ページ
　　　　□ページ
絵本
0　1　2　3　4　5　6　7（倍）

式

答え（　　　　　　　　）

さんすうはかせ　1つの数をもとにして、くらべるもう1つの数が何倍かを考えるときや、1とみた数を求めるときにも「わり算」を使って計算するよ。

☆ 赤いゴムと青いゴムがあります。赤いゴムを 30cm に切っていっぱいまで
のばしたら、90cm になりました。また、青いゴムを 60cm に切っていっ
ぱいまでのばしたら、120cm になりました。どちらのゴムのほうがよく
のびるといえますか。

とき方　2つのゴムののび方を表に表すと、

たいせつ☆
もとにする大きさを1
とみたとき、くらべる大
きさがどれだけにあたる
かを表した数を割合とい
います。

	もとの長さ(cm)	のばした後の長さ(cm)	もとの長さとのばした後の長さの差(cm)
赤	30	90	
青	60	120	

赤いゴムと青いゴムについて、もとの長さとのばした後の長さの差が等しいの
で、のばした後の長さがそれぞれもとの長さの何倍になっているか考えます。

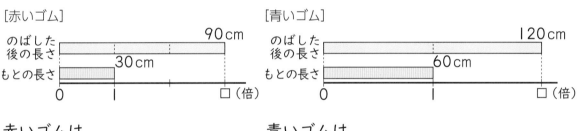

[赤いゴム]　のばした後の長さ 90cm　もとの長さ 30cm　0　1　□(倍)

[青いゴム]　のばした後の長さ 120cm　もとの長さ 60cm　0　1　□(倍)

赤いゴムは、

90÷30＝3 より、

□ 倍です。

青いゴムは、

□ ÷ □ ＝ □ より、

□ 倍です。

もとの長さを1とみたときの、のばした後の長さの割合は、

赤いゴムは □ 、青いゴムは □ なので、

□ ゴムのほうがよくのびるといえます。　答え □ ゴム

4 ある店では、りんご1このねだんが 120 円から 360 円に、もも1このねだん
が 240 円から 480 円に値上がりしました。どちらのほうが大きく値上がりした
といえますか。

📖 教科書 167ページ4

もとにする大きさを、
値上がり前のねだんに
すればいいね。

(　　　　　　　　　　)

ポイント　ゴムののび方をくらべるとき、もとの長さがそろっていない場合、もとの長さとのばした後の長さ
の差が同じでも、のび方は同じとはいえないので、何倍になっているか（割合）を考えましょう。

練習のワーク

できた数
/4問中

教科書 164～169ページ 答え 14ページ

1 何倍か求める計算 つよしさんと弟でどんぐり拾いをしました。つよしさんは 54 こ、弟は 9 こ拾いました。つよしさんのどんぐりの数は、弟のどんぐりの数の何倍ですか。

式

答え (   )

1 何倍か求める計算
図をかいて考えます。

2 何倍かした大きさを求める計算 あやさんが持っているおはじきの数は 19 こです。姉はあやさんの 4 倍のおはじきを持っています。姉が持っているおはじきの数は何こですか。

式

答え (   )

2 何倍かした大きさを求める計算
図をかいて考えます。

3 もとにする大きさを求める計算 ひろみさんが持っている色紙のまい数は 54 まいです。これは、妹が持っている色紙のまい数の 3 倍です。妹は色紙を何まい持っていますか。

式

答え (   )

3 もとにする大きさを求める計算
図をかいて考えます。

4 割合 のび方のちがう平たいゴムあとゴムいがあります。ゴムあを 15cm、ゴムいを 5cm 切り取って、いっぱいまでのばしたら、ゴムあは 30cm、ゴムいは 20cm になりました。どちらのゴムのほうがよくのびるといえますか。

(   )

4 割合
もとにする大きさを 1 とみたとき、もう一方の数がどれだけにあたるかを表す数(割合)が大きいのはどちらかを考えます。

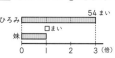 倍の計算では、図をかいて考えましょう。かけ算、わり算のどちらを使えばよいのかの見きわめが大切です。

まとめのテスト

1 あきさんはおはじきを 96 こ、妹は 8 こ持っています。あきさんのおはじきの数は、妹のおはじきの数の何倍ですか。　　　　1つ10〔20点〕

式

答え（　　　　　　）

2 チョコレート 1 このねだんは 13 円です。クッキー 1 このねだんは、チョコレートのねだんの 6 倍です。このクッキー 1 このねだんはいくらですか。　1つ10〔20点〕

式

答え（　　　　　　）

3 いちご 1 パックのねだんは 595 円で、りんご 1 このねだんの 5 倍です。りんご 1 このねだんはいくらですか。　　　　1つ10〔20点〕

式

答え（　　　　　　）

4 ゴム A とゴム B について、のび方をくらべます。ゴム A とゴム B をいっぱいまでのばした長さは、下の表のとおりです。どちらのゴムのほうがよくのびるといえますか。　〔20点〕

	もとの長さ（cm）	のばした後の長さ（cm）
A	12	24
B	6	18

（　　　　　　）

5 店 A と店 B で、きゅうり 1 本のねだんを調べたら、次のように値上がりしていました。　〔20点〕

店 A：値上がり前 20 円　⇒　値上がり後 80 円
店 B：値上がり前 30 円　⇒　値上がり後 90 円

どちらの店のほうが大きく値上がりしたといえますか。

（　　　　　　）

チェック ✓
□ 倍の数を求めることができたかな？
□ 割合を使って量の変わり方をくらべることができたかな？

71

勉強した日　　月　　日

学びのワーク どんな計算するのかな

おわったらシールをはろう

教科書 170ページ　答え 14ページ

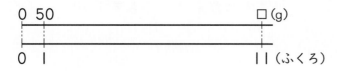

きほん1 どんな図や計算になるか、わかりますか。

☆小麦粉(こむぎこ)を 50g ずつふくろに入れていったら、ちょうど 11 ふくろできました。もとの小麦粉は、何 g ありましたか。

とき方　小麦粉が 50g 入ったふくろが 11 ふくろできたので、数直線図をかくと次のようになります。

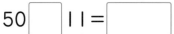

0　50　　　　□(g)

0　1　　　　11(ふくろ)

図を見て、かけ算かわり算か考えよう。

11 ふくろ分の重さを求(もと)めるので、［　　］算で計算します。

50［　］11＝［　　］　　答え［　　］g

1 ふくろが 70 ふくろあります。1 ふくろに小麦粉を 14 g ずつ入れるには、小麦粉は全部で何 g いりますか。問題に合う数直線図を下のあ〜えから選(えら)びましょう。また、式を書いて答えを求めましょう。　教科書 170ページ

小麦粉

あ
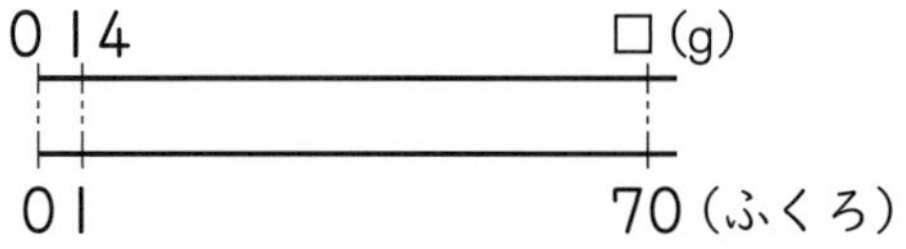
0 14　□(g)
0 1　70(ふくろ)

い
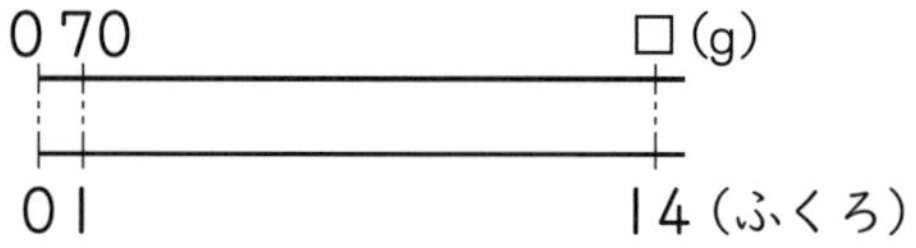
0 70　□(g)
0 1　14(ふくろ)

う
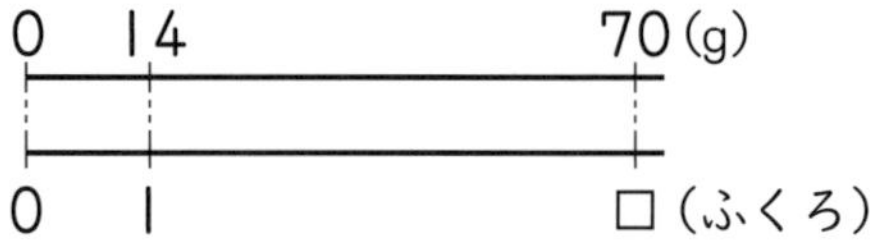
0　14　70(g)
0　1　□(ふくろ)

え
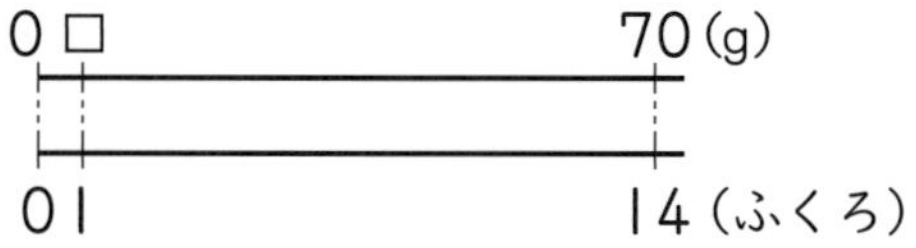
0 □　70(g)
0 1　14(ふくろ)

式

答え　数直線図（　　　）　重さ（　　　　）

さんすうはかせ　4年生ではわからない数を○や△などで表すけれど、6年生や中学生になると x(エックス) や y(ワイ) などの文字を使って表すようになるよ。

② 下の問題に合う数直線図を、**①**のあ〜えから選びましょう。また、式を書いて答えを求めましょう。

📖**教科書** 170ページ

❶ 小麦粉 70g を、同じ量ずつ 14 ふくろに入れます。1 ふくろ分の小麦粉の重さは何 g ですか。

式

答え 数直線図 (   )   重さ (   )

❷ 小麦粉 70g で、1 ふくろに 14g の小麦粉が入ったふくろは何ふくろできますか。

式

答え 数直線図 (   )   ふくろ (   )

きほん 2 図をかいて、考えられますか。

☆ ピンク色と黄色の色紙があります。ピンク色の色紙は 60 まいで、これは、黄色の色紙のまい数の 12 倍です。黄色の色紙は何まいありますか。

とき方 ピンク色と黄色の色紙の関係を表す数直線図をかくと、次のようになります。

```
0  □                    60 (まい)
├──┼────────────────────┤
0  1                    12 (倍)
```

> 黄色の色紙のまい数を□まいとすると、□×12＝60 だから、□を求めるには「わり算」で計算すればいいね。

言葉の式で表すと、

(黄色の色紙のまい数)×12＝(ピンク色の色紙のまい数)

になるので、黄色の色紙のまい数を求めるには、[   ] 算で計算します。

60 [   ] 12 ＝ [   ]　　　　答え [   ] まい

---

③ 赤色のリボンの長さは 60cm です。水色のリボンは赤色のリボンの長さの 12 倍あります。水色のリボンの長さは何 cm ですか。

📖**教科書** 170ページ

式

答え (   )

ポイント 問題を読んでどんな計算になるかを考えるときに、図をかいてみると考えが整理できて計算方法を選びやすくなります。

① 小数の表し方 整数のしくみ　② 小数と　③ 数の見方

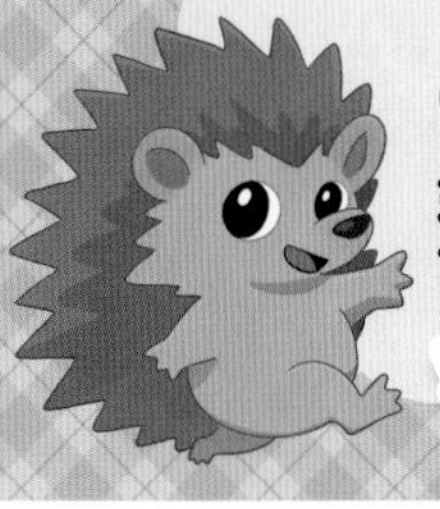

学習の目標・
0.1より小さい数の表し方やしくみを理かいしよう。

おわったら
シールを
はろう

きほんのワーク

教科書　173～182ページ　　答え　14ページ

きほん ① 0.1より小さい数の表し方がわかりますか。

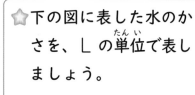

☆下の図に表した水のかさを、Lの単位で表しましょう。

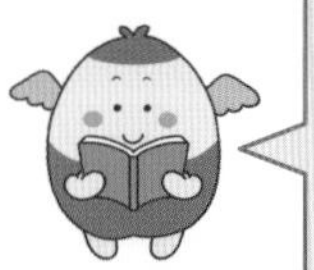

小数点より下の数字は、位をつけずにそのまま読むよ。1.43は、「一点四三」だね。

とき方 1Lの $\frac{1}{10}$ は0.1Lです。0.1Lの $\frac{1}{10}$ は0.1Lを10等分したかさで、0.01Lと書いて、「れい点れい一リットル」と読みます。

左の図では、水は1Lが1つ分の1Lと、0.1Lが [　] つ分の [　　　] L と、0.01Lが [　] つ分の [　　　] L あるので、合わせて [　　　] L あります。

答え [　　　] L

1 次のかさになるように色をぬりましょう。
　　　　　　　　　　　　　　　教科書　173ページ 1

① 2.35 L
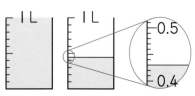

② 1080 mL

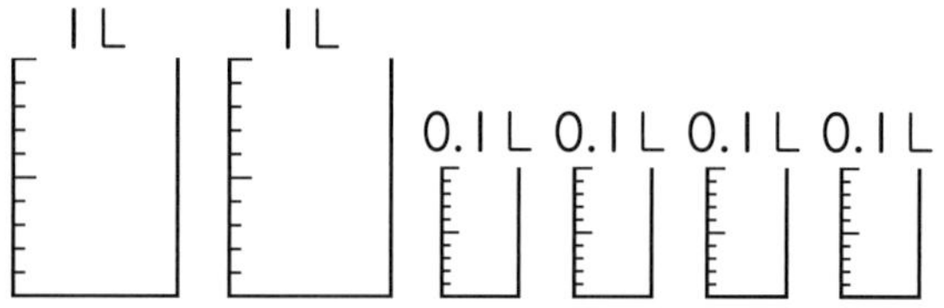

きほん ② 単位をかえて表せますか。

☆3426mをkmの単位で表しましょう。

とき方 3426mを分けて考えます。

3000m … 3	km
400m … 0.4	km
20m … [　]	km
6m … [　]	km
合わせて 3426m … [　]	km

数のしくみ
3.426
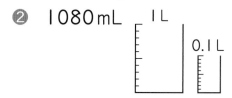

3	1	の3つ分
0.4	0.1	の4つ分
0.02	0.01	の2つ分
0.006	0.001	の6つ分

答え [　] km

2 次の数を（　）の中の単位で表しましょう。
　　　　　　　　　　　　　　　教科書　176ページ 3

① 1km403m （km）（　　　　　　　　　）　② 1782g （kg）（　　　　　　　　　）

整数や小数は、0、1、2、3、4、5、6、7、8、9の10この数字と小数点を使うと、どんな大きな数でも、どんな小さな数でも表すことができるよ。

☆6.375 は 1、0.1、0.01、0.001 をそれぞれいくつ集めた数ですか。

とき方 小数の位は、右のようになっています。

6.375 は、6 と 0.3 と 0.07 と 0.005 を合わせた数で、6 は 1 を □ こ、0.3 は 0.1 を □ こ、0.07 は 0.01 を □ こ、0.005 は 0.001 を □ こ集めた数です。

小数のしくみ

一の位	$\frac{1}{10}$の位（小数第一位）	$\frac{1}{100}$の位（小数第二位）	$\frac{1}{1000}$の位（小数第三位）
6 .	3	7	5

答え 1 □ こ　0.1 □ こ　0.01 □ こ　0.001 □ こ

③ 次の数はいくつですか。　　　　　　　　　　📖 教科書　178ページ②　179ページ③

① 0.01 を 7 こと、0.001 を 4 こ合わせた数　　（　　　　　）

② 0.001 を 927 こ集めた数　　（　　　　　）

④ 2.1、2.09、2.11 を大きい順に書きましょう。　　📖 教科書　180ページ④

（　　　　　　　　　　　）

☆4.8 の 10 倍はいくつですか。また、2.8 の $\frac{1}{10}$ はいくつですか。

十の位	一の位	$\frac{1}{10}$の位	$\frac{1}{100}$の位
4	8		
	4 .	8	
0 .	4	8	

10倍　　$\frac{1}{10}$

とき方 小数も整数と同じように、10 倍すると位が □ つ上がります。また、$\frac{1}{10}$ にすると位が □ つ下がります。

小数も、となりの位との間は 10 倍、$\frac{1}{10}$ の関係だね。

答え 4.8 の 10 倍 □　　2.8 の $\frac{1}{10}$ □

⑤ 次の数はいくつですか。　　📖 教科書　181ページ⑤

小数点をいくつうつせばよいのか考えよう。

① 3.19 を 100 倍した数　　（　　　　　）

② 31 を $\frac{1}{100}$ にした数　　（　　　　　）

ポイント 7.14 を「7 と 0.1 と 0.04 を合わせた数」と考えたり、「0.01 を 714 こ集めた数」と考えたり、いろいろな見方ができるようにしよう。

勉強した日 》　　月　　日

④ 小数の計算

きほんのワーク

学習の目標・

$\frac{1}{1000}$ の位の数のたし算やひき算までできるようになろう。

おわったら
シールを
はろう

教科書 183〜187ページ　答え 15ページ

きほん **1** 小数のたし算ができますか。

☆0.35kg のかごに、2.86kg のみかんを入れます。全体の重さは何kg になりますか。

とき方 全体の重さを求める式は、0.35＋□ です。小数のたし算は、次のように考えます。

《1》0.01 のいくつ分かを考えると、

0.35 は 0.01 が □ こ

2.86 は 0.01 が □ こ

合わせて、0.01 が □ こ

《2》位ごとに分けて考えると、

0.35 は 0 と　0.3　と　0.05

2.86 は 2 と　0.8　と　0.06

合わせて、2 と □ と □

答え □ kg

1 麦茶がペットボトルに 1.46 L、ポットに 2.61 L 入っています。麦茶は合わせて何 L ありますか。

📖 教科書 183ページ **1**

式

答え（　　　　　　　　）

きほん **2** 小数のたし算を筆算でできますか。

☆2.73＋1.52 の計算をしましょう。

とき方 小数のたし算の筆算は、位をそろえて書いて、右の位から計算します。

1 位をそろえて書く。

2 整数のたし算と同じように計算する。

3 上の小数点にそろえて、和の小数点をうつ。

```
  2.73
+ 1.52
------
 □.□□
```

位ごとに計算すればいいんだね。

答え □

さんすうはかせ　小数はいくらでも細かく分けられる量である長さや重さなどを表すのによく使われるよ。たとえば、五円玉のあつさは 1.5mm、重さは 3.75 g だよ。

2 計算をしましょう。 教科書 183ページ**1**

① 2.85+5.69　　② 9.04+2.18　　③ 6.96+0.05

④ 24.61+15.72　　⑤ 0.73+4.88　　⑥ 0.235+0.847

3 計算をしましょう。 教科書 185ページ**2**

① 7.302+2.9　　② 6.28+3.722

③ 0.16+36.84　　④ 18.579+4.031

答えの終わりに0がつくときは、終わりにつく0を消すよ。

きほん**3** 小数のひき算ができますか。

☆ いずみさんの家から駅までの道のりは 1.91km あります。家から駅に向かって 0.85km 歩きました。駅までの道のりはあと何km ですか。

とき方 駅までの残り(のこ)の道のりを求める式は、1.91− ◻ です。小数のひき算も、たし算と同じようにできます。筆算は次のようにします。

```
   1.9 1          1.9 1          1.9 1
 − 0.8 5    ➡   − 0.8 5    ➡   − 0.8 5
                 ◻ ◻ ◻          1.0 6
```

位をそろえて書くことに注意する。

整数のひき算と同じように計算する。

上の小数点にそろえて、差(さ)の小数点をうつ。

答え ◻ km

4 計算をしましょう。 教科書 186ページ**3**

① 4.73−3.22　　② 5.62−0.63　　③ 3.74−1.26

④ 7.04−6.48　　⑤ 0.93−0.18　　⑥ 5.05−2.58

5 計算をしましょう。 教科書 187ページ**4 5**

① 5.2−3.29　　② 2.06−0.684

③ 4.84−2.148　　④ 8−0.009

①では、5.2を5.20と考えて、位をそろえて筆算しよう。

ポイント 小数のたし算・ひき算は 0.1 や 0.01、0.001 のいくつ分かを考えると、整数と同じように計算できます。筆算のときは小数点をそろえて書くことに注意しましょう。

11 小数のしくみを調べよう ■小数

練習のワーク①

教科書 173~189ページ　答え 15ページ

できた数

/16問中

おわったら
シールを
はろう

---

1 小数のしくみ　□にあてはまる数を書きましょう。

① 0.01 を 14 こ集めた数は、□□□ です。

② 1 を 3 こ、0.1 を 2 こ、0.001 を 7 こ合わせた数は
□□□ です。

③ 2.589 は、1 を □ こ、0.1 を □ こ、0.01 を
□ こ、0.001 を □ こ合わせた数です。

④ □□□ を 10 倍した数は 7.24 です。

2 小数の大小　□にあてはまる不等号を書きましょう。

① 0.279 □ 0.31　　② 5.201 □ 5.2

③ 2.9 □ 2.899　　④ 17.82 □ 17.8

3 小数のしくみ　次の数を 10 倍した数、$\frac{1}{10}$ にした数を書きましょう。

① 0.75

10 倍 (　　　　　)

$\frac{1}{10}$ (　　　　　)

② 32.95

10 倍 (　　　　　)

$\frac{1}{10}$ (　　　　　)

4 小数のたし算・ひき算　計算をしましょう。

① 6.28＋2.73　　② 0.815＋1.49

③ 4.67－3.97　　④ 7－5.28

てびき

1 ① 0.01 を 10 こ集めると 0.1 だから、0.01 を 14 こ集めた数は、0.1 を 1 こと 0.01 を 4 こ合わせた数です。

2 小数の大小
小数の大小も整数のときと同じように、大きい位から順にくらべます。

3 小数のしくみ
10 倍すると位が 1 つ上がり、$\frac{1}{10}$ にすると位が 1 つ下がります。

4 小数のたし算・ひき算の筆算
位をそろえて書いて整数と同じように計算し、上の小数点にそろえて、和や差の小数点をうちます。

できるナビ　$\frac{1}{10}$ の位、$\frac{1}{100}$ の位、…と次々と 10 等分して新しい位をつくって表すという小数のしくみを理かいしましょう。

練習のワーク❷

教科書 173〜189ページ 答え 15ページ

できた数
/12問中

おわったら
シールを
はろう

1 小数の表し方　（ ）の中の単位で表しましょう。

❶ 1026 g（kg）　　　　　　　　　（　　　　　　）

❷ 890 m（km）　　　　　　　　　（　　　　　　）

❸ 3.9 m（cm）　　　　　　　　　（　　　　　　）

❹ 53.5 kg（g）　　　　　　　　　（　　　　　　）

2 小数のたし算・ひき算　計算をしましょう。

❶ 5.98＋3.46　　　　　❷ 0.831＋2.9

❸ 8＋4.46　　　　　　❹ 4.52−2.01

❺ 6.9−3.67　　　　　❻ 6.37−6.237

3 小数のたし算　リボンを 1.32 m 使ったら、残りは 5.68 m になりました。はじめにリボンは何 m ありましたか。

式

答え（　　　　　　　）

4 小数のひき算　3 km 先にある駅に向かって歩いています。1 km 535 m 歩いて公園でひと休みしました。あと何 km 歩かなければならないですか。

式

答え（　　　　　　　）

1 単位の関係

1 g＝0.001 kg
10 g＝0.01 kg
100 g＝0.1 kg
1 m＝0.001 km
10 m＝0.01 km
100 m＝0.1 km
1 cm＝0.01 m
10 cm＝0.1 m

2 小数のたし算・ひき算の筆算
筆算をするときは位をそろえて書くことに注意します。
❷は、
```
 0.8 3 1
+    2.9
```
と書かないで、
```
 0.8 3 1
+ 2.9
```
と書きます。

3 小数のたし算
筆算ですると、
```
  1.3 2
+ 5.6 8
  7,0 0
```
小数点以下の終わりにつく 0 と小数点は消します。

4 1 km 535 m ＝1.535 km です。
筆算は次のようになります。
```
  3.0 0 0
− 1.5 3 5
```

でき るナビ　小数第二位、第三位までの小数の計算でも、位取りをまちがえないように考えていこう。

79

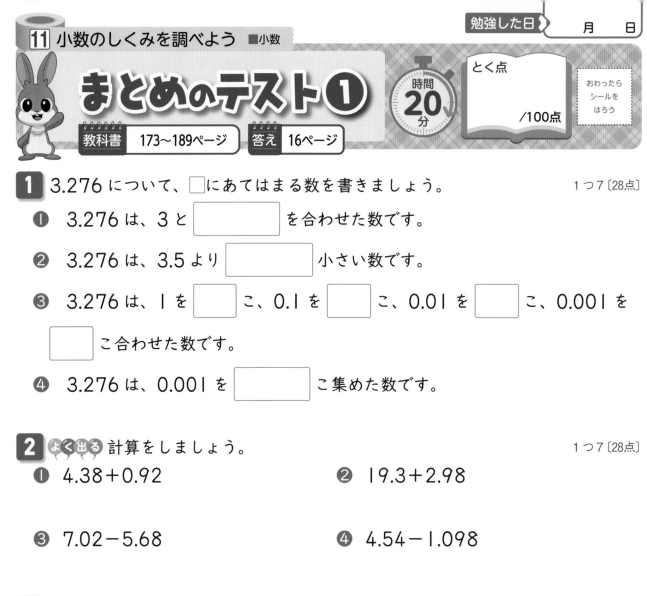

まとめのテスト❶

時間 **20** 分

とく点

/100点

おわったら
シールを
はろう

教科書 173～189ページ　答え 16ページ

1 3.276 について、□にあてはまる数を書きましょう。　　　　　1つ7〔28点〕

❶ 3.276 は、3 と □ を合わせた数です。

❷ 3.276 は、3.5 より □ 小さい数です。

❸ 3.276 は、1 を □ こ、0.1 を □ こ、0.01 を □ こ、0.001 を

□ こ合わせた数です。

❹ 3.276 は、0.001 を □ こ集めた数です。

2 よく出る 計算をしましょう。　　　　　1つ7〔28点〕

❶ 4.38＋0.92　　　　　　　　❷ 19.3＋2.98

❸ 7.02－5.68　　　　　　　　❹ 4.54－1.098

3 ポットに水が 2.58 L 入っています。　　　　　1つ7〔28点〕

❶ 0.78 L の水を入れると、何 L になりますか。

式

答え（　　　　　　　　　）

❷ 0.78 L の水を使うと、残りは何 L になりますか。

式

答え（　　　　　　　　　）

4 850 g の箱に、2.09 kg 分のりんごを入れると、全体の
重さは何 kg になりますか。　　　　　1つ8〔16点〕

式

答え（　　　　　　　　　）

チェック ✓ □小数のたし算はできたかな？
　　　　　　 □小数のひき算はできたかな？

80

まとめのテスト❷

教科書 173～189ページ　答え 16ページ

1 □にあてはまる数を書きましょう。　　　　　　1つ5〔20点〕

① 0.01 を 743 こ集めた数は [ ] です。

② 52.35 は 0.01 を [ ] こ集めた数です。

③ 34.6 を 10 倍した数は [ ]、$\frac{1}{10}$ にした数は [ ] です。

2 （ ）の中の単位で表しましょう。　　　　　　1つ5〔10点〕

① 392 m （km）　　　　　② 5.28 km （m）

（ 　　　 ）　　　　　　　　　（ 　　　 ）

3 □にあてはまる不等号を書きましょう。　　　　1つ5〔10点〕

① 2.293 [ ] 2.239　　　② 0.79 [ ] 0.801

4 よく出る 計算をしましょう。　　　　　　　　1つ7〔28点〕

① 4.73＋3.28　　　　　② 1.298＋3.452

③ 5.6－0.82　　　　　　④ 2.529－1.84

5 1320 g の箱と 8.48 kg の箱があります。2 つの箱は合わせて何 kg になりますか。　　　　　　　　　　　　　　　　　　　　1つ8〔16点〕

式

答え（ 　　　　　　 ）

6 7 m の紙テープがあります。けんじさんは 85 cm、ふみかさんは 0.68 m を使いました。残りの紙テープの長さは何 m ですか。　　　1つ8〔16点〕

式

答え（ 　　　　　　 ）

ふろくの「計算練習ノート」16～18ページをやろう！

□小数を使って、単位をなおすことはできたかな？
□10 倍した数、$\frac{1}{10}$ にした数がわかったかな？

① 広さの表し方
② 長方形と正方形の面積 [その1]

きほんのワーク

教科書 190〜197ページ | 答え 16ページ

きほん 1 広さ（面積）の表し方がわかりますか。

☆右の色がついた部分は⑦と④のどちらが広いでしょうか。ただし、方眼の1目もりは1cmとします。

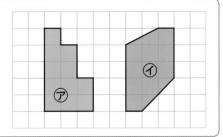

とき方 広さのことを 面積 といいます。面積は、同じ大きさの正方形のいくつ分で表すことができます。1辺が1cmの正方形の面積を $1cm^2$ （1平方センチメートル）といいます。cm^2 は面積の単位です。

⑦は、$1cm^2$ の正方形が ☐ こならんでいるので、☐ cm^2 です。

④は、$1cm^2$ の正方形が ☐ こならび、ななめに切られている部分のうち、左上は $1cm^2$ の正方形の ☐ こ分、右下は $1cm^2$ の正方形の ☐ こ分になるので、これらを合わせると ☐ cm^2 になります。

正方形や長方形がななめに切られている部分は、組み合わせて $1cm^2$ になるようにするんだ。

答え ☐

---

1 右の図の⑦、④について、答えましょう。

📖 教科書 191ページ**1**

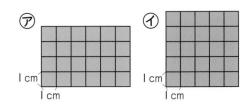

❶ ⑦の長方形は、1辺が1cmの正方形が何こならんでいますか。

（　　　　　　　）

❷ ⑦の長方形の面積は、何 cm^2 ですか。

（　　　　　　　）

❸ ④の正方形の面積は、何 cm^2 ですか。

（　　　　　　　）

❹ ⑦と④では、どちらが何 cm^2 広いでしょうか。

（　　　　　　　）

 面積の単位の1つに cm^2 があるよ。$1cm^2$ の正方形のいくつ分で面積を表すことができるんだ。

☆ 下の形の面積を計算で求めましょう。

❶
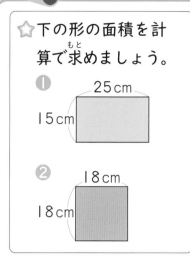
25cm
15cm

❷
18cm
18cm

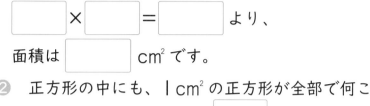
とき方 ❶ 長方形の中には、1cm² の正方形が、たてに ☐ こ、横に ☐ こならぶので、全部のこ数を考えて、

☐ × ☐ = ☐ より、

面積は ☐ cm² です。

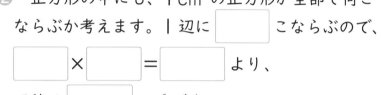
❷ 正方形の中にも、1cm² の正方形が全部で何こならぶか考えます。1辺に ☐ こならぶので、

☐ × ☐ = ☐ より、

面積は ☐ cm² です。

言葉の式で関係を表したものを**公式**というんだね。

答え ❶ ☐ cm²
❷ ☐ cm²

面積の公式
長方形の面積＝たて×横
　　　　　＝横×たて
正方形の面積＝1辺×1辺

2 面積を求める公式を使って、次の長方形や正方形の面積を求めましょう。

❶ たてが 12cm、横が 24cm の長方形

📖教科書 194ページ❶

式

答え（　　　　　）

❷ 1辺が 30cm の正方形

式

答え（　　　　　）

3 次の長さを求めましょう。 📖教科書 197ページ❸

❶ 面積が 48cm² で横の長さが 6cm の長方形のたての長さ

式

長方形の面積を求める公式を使って考えよう。求める長さを ☐cm として、公式を使って求めよう。

答え（　　　　　）

❷ 1辺が 6cm の正方形と同じ面積で、たての長さが 4cm の長方形の横の長さ

式

答え（　　　　　）

ポイント 面積の公式のように、公式とは、どんなときにでもあてはめて使うことができる式のことをいいます。

② **長方形と正方形の面積** [その2]
③ **いろいろな面積の単位**

学習の目標・
いろいろな形やいろいろな単位の面積を求められるようにしよう。

おわったらシールをはろう

きほんのワーク

教科書 197〜203ページ　答え 16ページ

きほん 1 いろいろな形の面積の求め方がわかりますか。

☆下のような形の**面積**を求めましょう。

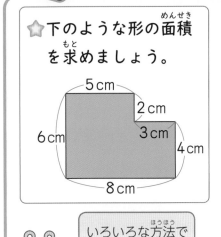

いろいろな方法で求めてみよう。

とき方 そのままでは、長方形や正方形の面積の公式が使えないときは、長方形や正方形に分けたり、図に線をかき加えて全体を長方形や正方形にしたりして、公式が使えるようにします。

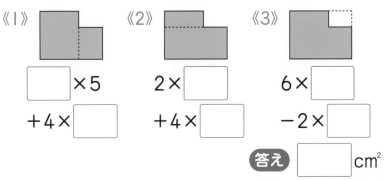

《1》 ☐ ×5
　　 +4× ☐

《2》 2× ☐
　　 +4× ☐

《3》 6× ☐
　　 −2× ☐

答え ☐ cm²

---

1 下のような形の面積を求めるために、❶〜❸の求め方を式に表しました。どのように考えたか、図の中に点線をかきましょう。

📖教科書 197ページ4

❶ 10×9+5×20　❷ 15×20−10×11　❸ 15×9+5×11

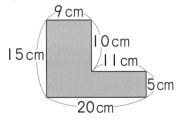

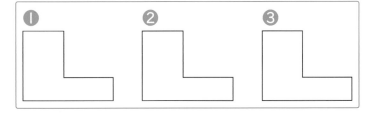

きほん 2 広いところの面積を表す単位がわかりますか。

☆たてが 5m、横が 4m の長方形の形をした部屋の面積を求めましょう。

とき方 部屋のような広いところの面積は、1辺が 1m の正方形の面積をもとにして、1m² の正方形のいくつ分かを考えます。

面積は、☐ × ☐ = ☐ より、

☐ m²です。　**答え** ☐ m²

広いところの面積をcm²で表すと、数が大きくなってわかりにくくなるから、広さにあった面積の単位を使っていくよ。

たいせつ
1辺が 1m の正方形の面積が 1m²（1 平方メートル）です。
1m²=1m×1m
=100cm×100cm=10000cm²

 1m²、1a、1ha、1km² について、それを表す正方形の1辺の長さは順に10倍の大きさになっていて、その面積は順に100倍になっているよ。

2 １辺が 7m の正方形の形をした花だんの面積は何 m² ですか。

式

答え（　　　　　　　　　　）

きほん 3 大きな面積の表し方がわかりますか。

☆次の面積を、（　）の中の単位で求めましょう。
❶　南北 4km、東西 6km の長方形の形をした町の面積（km²）
❷　たてが 150m、横が 400m の長方形の形をしたりんご園の面積（m²）

とき方 ❶　県や町の広さのような大きな面積を表すには、１辺が 1km の正方形の面積をもとにして、1km²（１平方キロメートル）の正方形のいくつ分かを考えます。面積は、 ☐ × ☐ ＝ ☐ より、 ☐ km² です。

これは ☐ m² です。

たいせつ

1a＝10m×10m＝100m²
1ha＝100m×100m
　　＝10000m²＝100a
1km²＝1000m×1000m
　　＝1000000m²

❷　水田や畑などの面積を表すには、１辺が 10m や 100m の正方形の面積をもとにして表すことがあります。

１辺が 10m の正方形の面積（10m×10m＝100m²）を **1a**（１アール）、

１辺が 100m の正方形の面積（100m×100m＝10000m²）を

1ha（１ヘクタール）といいます。

りんご園の面積は、 ☐ × ☐ ＝ ☐ より、

☐ m² です。これは、 ☐ a で、 ☐ ha でもあります。

答え ❶ ☐ km² ❷ ☐ m²

3 たてが 2km、横が 3km の長方形の形をした森林の面積は何 km² ですか。また、何 m² ですか。

式

答え（　　　　　　　、　　　　　　　　）

4 １辺が 800m の正方形の形をした公園の面積は何 a ですか。また、何 ha ですか。

式

答え（　　　　　　　、　　　　　　　　）

ポイント 大きな面積の単位（m²、a、ha、km²）をきちんと覚えましょう。また、いろいろな形の面積を求めるときは、正方形や長方形に分けて求めるようにしましょう。

練習のワーク

できた数 /5問中

おわったら
シールを
はろう

教科書 190〜205ページ　答え 17ページ

1 長方形や正方形の面積　次の面積を求めましょう。

❶ 1辺が 17m の正方形

式

答え（　　　　　　　）

❷ たてが 3km、横が 8km の長方形の形をした土地

式

答え（　　　　　　　）

2 長方形の面積　面積が 36cm² で、横の長さが 9cm の長方形の形をしたカードのたての長さは何 cm ですか。

式

答え（　　　　　　　）

3 面積の単位　1辺が 200m の正方形の形をしたグラウンドの面積は何 a ですか。また、何 ha ですか。

式

答え（　　　　、　　　　）

4 いろいろな形の面積　右の長方形で、色のついた部分の面積を求めましょう。

式

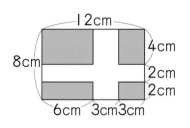

答え（　　　　　　　）

てびき

1 長方形や正方形の面積の公式

たいせつ☆

長方形の面積
＝たて×横
＝横×たて
正方形の面積
＝1辺×1辺

2 たての長さを□cm とすると、
□×9＝36
と表せます。

3 面積の単位

たいせつ☆

1m²＝1m×1m
1a＝10m×10m＝100m²
1ha＝100m×100m
　　＝10000m²＝100a
1km²＝1km×1km
　　＝1000m×1000m
　　＝1000000m²
　　＝10000a＝100ha

4 左のようなときは、色のついていない部分を下のように動かして、1つの長方形の面積を考えます。

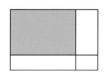

86

できるナビ　単位をきちんと使い分けられるようになろう。また、いろいろな形の面積を求めるときは、長方形（正方形）に分けて考えよう。

まとめのテスト

時間 **20**分

とく点

／100点

おわったら
シールを
はろう

教科書 190〜205ページ　答え 17ページ

1 よく出る 次の面積を、（　）の中の単位で求めましょう。　　　　　　1つ6〔48点〕

① たてが 80cm、横が 1m の長方形の形をしたポスター（cm²）

式

答え（　　　　　　　　　）

② まわりの長さが 20m の正方形の形をした池（m²）

式

答え（　　　　　　　　　）

③ たてが 25m、横が 12m の長方形の形をした部屋（a）

式

答え（　　　　　　　　　）

④ 1辺が 700m の正方形の形をした土地（ha）

式

答え（　　　　　　　　　）

2 色のついた部分の面積を求めましょう。　　　　　　　　　　　　　1つ6〔36点〕

①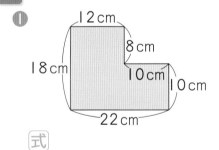

② 3m　3m　2m　4m　3m　2m　7m

③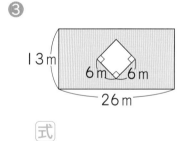
13m　6m　6m　26m

式　　　　　　　　式　　　　　　　　式

答え（　　　　　　　）　答え（　　　　　　　）　答え（　　　　　　　）

3 右の直角三角形の面積を、図を利用して求めましょう。　　　1つ8〔16点〕

式

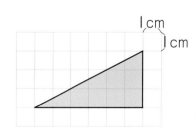
1cm　1cm

答え（　　　　　　　）

□ 面積の単位を変えることができたかな？
□ 面積を求める公式を使って、いろいろな形の面積を求めることができたかな？

そろばん

きほんのワーク

教科書 206～208ページ ｜ 答え 17ページ

きほん 1 そろばんの位取りがわかりますか。

☆ そろばんにおかれた次の数を数字で書きましょう。

❶ 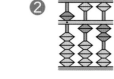（一の位）　❷

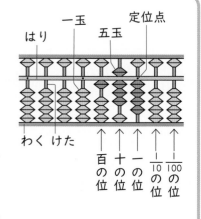

はり　一玉　五玉　定位点

わく　けた

百の位　十の位　一の位　1/10の位　1/100の位

とき方 ❶ そろばんでは、定位点があるけたを一の位とし、左へ十、百、千、……のように位が決まります。一億の位が6、千万の位が0、百万の位が ▢ 、十万の位が ▢ 、一万の位が5、千の位が ▢ 、百の位が2、十の位が ▢ 、一の位が7なので、 ▢ です。

❷ 定位点があるけたを一の位として、そろばんに小数を表すこともできます。一の位が5、$\frac{1}{10}$の位が ▢ 、$\frac{1}{100}$の位が ▢ なので、 ▢ です。

答え ❶ ▢ 　❷ ▢

---

1 そろばんに、次の数をおきましょう。　📖 教科書 207ページ

❶ 1306893088　　❷ 409800955654123

❸ 8.56　　❹ 0.43

---

2 次のそろばんの図を見て、▢にあてはまる数を書きましょう。　📖 教科書 207ページ

❶ （答え）

▢ ＋19＝ ▢

❷ （答え）

▢ ＋87＝ ▢

さんすうはかせ　かけ算やわり算もそろばんを使った計算のしかたがあるんだよ。

 次の計算をそろばんでしましょう。　❶ 78＋64　❷ 52－18

とき方 ❶ まず、たされる数を、そろばんにおきます。次に、大きい位からた
していきます。

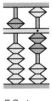

78を
おく。

60をたす。
(十の位の4を
ひいて、100をたす。
4をひくときは、十
の位の1をたして、
5をひく。)

4をたす。
(6をひいて、
10をたす。)

❷ まず、ひかれる数を、そろばんにおきます。次に、大きい位からひいてい
きます。

 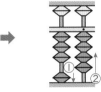

52を
おく。

10をひく。
(十の位の4
をたして、
5をひく。)

8をひく。
(10をひいて、
2をたす。)

答え

❶ ☐

❷ ☐

3 次の計算をそろばんでしましょう。　📖教科書 207ページ

❶ 27＋8

❷ 46＋54

❸ 39＋86

❹ 95－7

❺ 143－79

❻ 101－3

4 次の計算をそろばんでしましょう。　📖教科書 208ページ

❶ 3億＋9億

❷ 10兆－2兆

❸ 0.2＋1.9

❹ 4.12＋5.88

❺ 2.09－0.8

❻ 3－0.12

そろばんを使って、
大きな数や小数のた
し算やひき算を、整
数と同じように計算
できるね。

ポイント そろばんを使った計算は、数を十の位の数や一の位の数のように、それぞれの位に分けて考
えます。

① 小数×整数

きほんのワーク

学習の目標・
小数に整数をかける計算を考え、筆算ができるようになろう。

おわったらシールをはろう

教科書 212〜217ページ　答え 17ページ

きほん 1 小数に整数をかける意味がわかりますか。

☆ さとうが 0.4 kg 入ったふくろが 3 ふくろあります。全部でさとうは何kg ありますか。

とき方 整数のときと同じように、
[ ] kg の 3 こ分の大きさを求めればいいので、0.4×3 の計算をします。0.4kg は 0.1kg を [ ] こ 集めた重さだから、0.1 をもとに考えると、4×3= [ ] より、0.1kg の [ ] こ分です。　**答え** [ ] kg

さとうの重さ 0　0.1　0.4 ―3倍→ □ (kg)
ふくろの数 0　　1　　3 (ふくろ)　―3倍→

0.4 kg を 400 g と考えて計算をしてから kg になおす方法もあるね。

1 計算をしましょう。

① 0.2×4　　② 0.5×7

③ 0.3×8　　④ 0.8×8

教科書 213ページ1

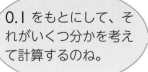
0.1 をもとにして、それがいくつ分かを考えて計算するのね。

きほん 2 小数×整数の筆算ができますか。

☆ 1.6×7 を計算しましょう。

とき方 1.6×7 は、[ ] ×7= [ ] より、0.1 の [ ] こ分だから、
1.6×7=0.1× [ ] = [ ]
また、筆算は次のようにします。

```
  1.6          1.6          1.6
×   7    ➡   ×   7    ➡   ×   7
           [ ][ ]        1 1 2
```

かけられる数とかける数を右にそろえて書く。

整数のかけ算と同じように計算する。

かけられる数にそろえて、積の小数点をうつ。

整数になおして考えて、最後に積の小数点をうつよ。

答え [ ]

 小数をふくむかけ算の筆算は、小数点を考えないで整数の計算と同じようにするから、位をそろえるのではなく、右にそろえて書くと覚えておこう。

2 計算をしましょう。　📖教科書 215ページ**2**

① 6.7×8

② 4.5×6

③ 19.6×3

④ 28.8×4

②
```
    4.5
×     6
  2 7.0
```
27.0 と 27 は同じ大きさなので、最後の0と小数点は消すよ。

きほん **3** かける数が2けたになっても計算できますか。

☆ 1.2×56 を計算しましょう。

とき方 かける数が2けたになっても、筆算のしかたは同じです。

```
    1.2
×   5 6
   □ 2
  □ 0
  □ □ 2
```
⇒
```
    1⦁2
×   5 6
    7 2
  6 0
  6 7□2
```

ちゅうい
積の小数点は、かけられる数と同じ位置にそろえてうつことに注意します。また、小数点をうちわすれないようにします。

答え　□

---

3 筆算をしましょう。　📖教科書 216ページ**3**

①
```
    7.6
×   2 4
```

②
```
  1 3.8
×    8 2
```

④
```
  1 1.6
×    4 0
4 6 4.0
```
0を書いてから、116×4の積を0の左に書くよ。
小数点をかけられる数にそろえてうつと、小数点以下が0になるので、0と小数点は消そう。

③
```
  6 1.4
×    3 7
```

④
```
  1 1.6
×    4 0
```

きほん **4** $\frac{1}{100}$ の位がある小数のかけ算ができますか。

☆ 1.18×2 を計算しましょう。

とき方 かけられる数に $\frac{1}{100}$ の位の数があっても、筆算のしかたは同じです。

```
  1.1 8
×     2
  □ □ □
```
⇒
```
  1⦁1 8
×     2
  2 □3 6
```

答え　□

---

4 計算をしましょう。　📖教科書 217ページ**4**

① 0.46×6

② 5.93×8

③ 3.14×35

📍**ポイント**　かけられる数やかける数が何けたになっても、計算のしかたは同じです。積に小数点をうつときに、うつ位置に注意します。

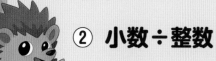

勉強した日 ▶ 月 日

② 小数÷整数

きほんのワーク

学習の目標・
小数を整数でわる計算を考え、筆算ができるようになろう。

おわったらシールをはろう

教科書 219〜224ページ 答え 18ページ

きほん1 小数を整数でわる計算のしかたがわかりますか。

⭐5.2mのリボンを4人で等分すると、1人分の長さは何mになりますか。

とき方 5.2mを4等分した1つ分を求めるので、□÷4の計算をします。

5.2mは0.1mの□こ分だから、

□÷4=□より、1人分は、

0.1mが□こ分です。 **答え** □m

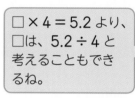

□×4＝5.2より、□は、5.2÷4と考えることもできるね。

1 計算をしましょう。

教科書 219ページ1 221ページ2

① 6.3÷3 ② 7.2÷6 ③ 8.6÷2

④ 15.2÷8 ⑤ 25.5÷5 ⑥ 53.9÷7

わり算でも、0.1をもとにして考えればいいんだ。

きほん2 小数÷整数の筆算ができますか。

⭐5.4÷3を計算しましょう。

とき方 わり算の筆算のしかたは、整数のときと同じです。われる数の小数点にそろえて、商の小数点をうちます。

小数点をうつのをわすれないようにしよう！

一の位の計算

$3\overline{)5.4}$
$\underline{3}$
2

一の位の5を3でわる。

$3\overline{)5.4}$
$\underline{3}$
2

商の小数点を、われる数の小数点にそろえてうつ。

1/10の位の計算

$3\overline{)5.4}$
$\underline{3}$
24 ←1/10の位の4をおろし、0.1が24こみて、3でわる。

答え □

 【1より小さい数（1）】17世紀に吉田光由という人が「塵劫記」という本に小さな数の名を書いているよ。

2 筆算をしましょう。　　　　　　　　　　　　　　　　　📖教科書 221ページ**2**

①
$$5\overline{)7.5}$$

②
$$4\overline{)2\,5.2}$$

③
$$6\overline{)4\,4.4}$$

きほん**3** 一の位に商がたたないわり算ができますか。

☆1.8 L の牛にゅうを、6つのコップに等分します。1つ分は何 L ですか。

とき方　1.8 L を 6 等分した1つ分を求めるので、
[　　　]÷6の計算をします。筆算では、わられる数の一の位の1は、わる数の6より小さいので、商の一の位に[　　]を書き、小数点をうってから計算をします。

答え [　　　] L

一の位の0や小数点をわすれずに書こう。

3 筆算をしましょう。　　　　　　　　　　　　　　　　　📖教科書 223ページ**3** **4**

①
$$8\overline{)6.4}$$

②
$$4\overline{)0.8}$$

③
$$5\overline{)4.5}$$

④
$$14\overline{)1\,6.8}$$

⑤
$$23\overline{)8\,0.5}$$

⑥
$$47\overline{)2\,6\,3.2}$$

きほん**4** $\frac{1}{100}$ の位がある小数のわり算ができますか。

☆7.44÷6 を計算しましょう。

とき方　わられる数が $\frac{1}{100}$ の位まである小数でも筆算のしかたは同じです。わられる数の小数点にそろえて、商の小数点をうちます。

答え [　　　　　]

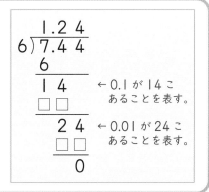

←0.1 が14こあることを表す。

←0.01 が24こあることを表す。

4 筆算をしましょう。　　　　　　　　　　　　　　　　　📖教科書 224ページ**5**

①
$$4\overline{)5.2\,8}$$

②
$$7\overline{)7.6\,3}$$

③
$$3\overline{)1\,6.2\,9}$$

ポイント　商がたたない位には 0 を書くことや、商にも小数点をうつことをわすれないようにしましょう。

③ あまりのあるわり算
④ わり進みの計算　⑤ 小数と倍

きほんのワーク

学習の目標・
小数を整数でわるとき
のいろいろな計算にな
れていこう。

おわったら
シールを
はろう

教科書　225〜229ページ　答え　18ページ

きほん 1　小数のわり算で、あまりのだし方がわかりますか。

☆59.3kg のねん土を 3kg ずつのかたまりに分けます。3kg のかたまりは何
こできて、何kg あまりますか。

とき方　59.3kg を 3kg ずつに分けるので、59.3 ☐ 3 の
計算をします。筆算は右のようになります。小数を整数でわ
るとき、あまりの小数点は、わられる数の小数点にそろえて
うちます。

$$3 \overline{\smash{)}\, 59.3}$$

0.1 が 23 こあること
を表しているので、
あまりは 2.3 になる。

答え ☐ こできて、☐ kg あまる。

① 商を 一の位まで求めて、あまりもだしましょう。　　📖 教科書　225ページ■
① 7.6÷3　　② 57.4÷4　　③ 90.1÷7

きほん 2　わりきれるまで計算できますか。

☆28m のロープを 8 等分すると、1 つ分は何m になりますか。

とき方　28m を 8 等分した1つ分
を求めるので、☐ ÷ ☐ の
計算をします。これまでの筆算のし
かたでは、28÷8＝3 あまり 4 で
すが、あまりの 4 をさらに 8 でわっ
ていきます。

$$8 \overline{\smash{)}\, 28} \Rightarrow 8 \overline{\smash{)}\, 28.0}$$

4 ←1 が
4 こ

0 をおろし
て、わり算
を続ける。

0.1 が
40 こ

答え ☐ m

② わりきれるまで計算しましょう。　　📖 教科書　226ページ■
227ページ■
① 3.3÷6　　② 36.6÷12　　③ 37÷5

さんすうはかせ　【1 より小さい数 (2)】 一の位の下は、「分、厘、毛、糸、忽、微、繊、沙、塵、埃、渺、
漠、模糊、逡巡、須臾、瞬息、弾指、刹那、六徳、虚空、清浄」となるよ。

☆18.6÷7の計算をし、商を四捨五入して、$\frac{1}{10}$の位までのがい数で求めましょう。

とき方 商を$\frac{1}{10}$の位までのがい数で求めるには、□の位まで求めて、$\frac{1}{100}$の位で四捨五入します。

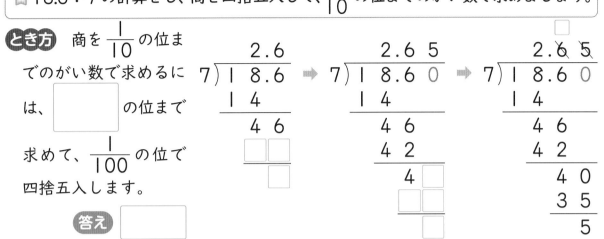

```
      2.6              2.6 5              2.6 5
  7)1 8.6    ➡    7)1 8.6 0    ➡    7)1 8.6 0
    1 4              1 4              1 4
    ────             ───              ───
    4 6              4 6              4 6
    □□               4 2              4 2
     □                 4□             4 0
                       □□             3 5
                        □             ───
                                       5
```

答え □

3 商を四捨五入して、$\frac{1}{10}$の位までのがい数で求めましょう。 📖**教科書** 227ページ**3**

① 7)1 3.4

② 1 2)3 4.1

③ 9)1 5.9 2

☆900円の本のねだんは、200円のノートのねだんの何倍ですか。

とき方 小数を使って、何倍かを表すことがあります。何倍かを求めるときは、わり算を使うので、式は、□÷□です。図に表すと右上のようになりますが、右下のようにかくこともできます。

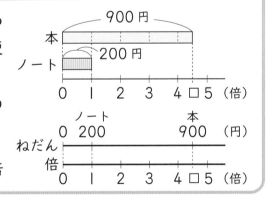

答え □ 倍

4 ゆうこさんの家から、学校までの道のりは180m、駅までの道のりは270mです。駅までの道のりは、学校までの道のりの何倍ですか。 📖**教科書** 228ページ**1**

式

答え（　　　　　　　　　）

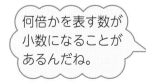
何倍かを表す数が小数になることがあるんだね。

ポイント あまりの小数点のうち方に注意しましょう。答えのたしかめをすると、あまりの大きさにまちがいがないかわかります。

13 小数と整数のかけ算・わり算を考えよう　■小数と整数のかけ算・わり算

 練習のワーク

教科書 212〜231ページ　答え 18ページ

できた数
/14問中

おわったら
シールを
はろう

---

1 小数×整数　計算をしましょう。

① 2.4×7　　② 1.7×65　　③ 78.4×90

2 小数÷整数・わり進み　わりきれるまで計算しましょう。

① 2.4÷4　　② 41.6÷16　　③ 24÷32

3 あまりのあるわり算　商を一の位まで求めて、あまりもだしましょう。また、答えのたしかめもしましょう。

① 4⟌9.3　　② 27⟌88.1

たしかめ　　　　　　　　　　たしかめ
(　　　　　　　　　　)　(　　　　　　　　　　)

4 商をがい数で求めるわり算　商を四捨五入して、$\frac{1}{10}$ の位までのがい数で求めましょう。

① 3.8÷9　　② 34÷18　　③ 15.92÷19

5 小数と倍　たての長さが 4cm、横の長さが 10cm の長方形があります。たての長さは、横の長さの何倍ですか。

式

答え (　　　　　　　　　　)

てびき

1 2 小数×整数、小数÷整数
筆算は、けた数がふえても、小数点がないものとして、整数のときと同じしかたで計算します。

ちゅうい

積の小数点は、かけられる数の小数点にそろえてうちます。商の小数点は、わられる数の小数点にそろえてうちます。

3 あまりのあるわり算
たしかめは、
わる数×商＋あまり
→わられる数
でします。

4 商を求めるとき、何の位で四捨五入すればよいか考えます。
商を $\frac{1}{10}$ の位まで求めるので、$\frac{1}{100}$ の位で四捨五入します。

5 小数と倍
小数を使って、何倍かを表すことがあります。何倍かを表す数が 1 より小さい数になることもあります。

できるナビ　小数のわり算では、答えをどのような形で求めるのか（わり進むのか、あまりをだすのか、どの位まで求めるのかなど）に注意しよう。

まとめのテスト

教科書 212〜231ページ　答え 19ページ

時間 20分

とく点 /100点

おわったら シールを はろう

1 よく出る 筆算をしましょう。わり算はわりきれるまで計算しましょう。 1つ6〔48点〕

①
```
  7.2
×   3
```

②
```
  5.9 5
×     2
```

③
```
  0.7
× 4 5
```

④
```
  0.3 6
×   1 6
```

⑤ 7⟌9.1

⑥ 18⟌8 2.8

⑦ 5⟌5.1 2

⑧ 8⟌0.6 4 8

2 5円玉6まいの重さをはかったら、22.5gありました。 1つ6〔24点〕

① 5円玉1まいの重さは、何gですか。

式

答え（　　　　　　　）

② 5円玉15まい分の重さは、何gですか。

式

答え（　　　　　　　）

3 3.4Lのスポーツドリンクを12人で等分します。1人分は約何Lになりますか。商を四捨五入して、$\frac{1}{10}$の位までのがい数で求めましょう。 1つ7〔14点〕

式

答え（　　　　　　　）

4 はるみさんの体重は32kg、妹の体重は20kgです。はるみさんの体重は、妹の体重の何倍ですか。 1つ7〔14点〕

式

答え（　　　　　　　）

 □ (小数)×(整数) の計算はできたかな？
□ (小数)÷(整数) の計算はできたかな？

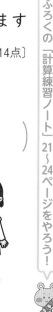

ふろくの「計算練習ノート」21〜24ページをやろう！

勉強した日 ▶　　月　　日

① **分数の表し方**
② **分数の計算** [その1]

きほんのワーク

学習の目標・

分数の表し方になれ、分数のたし算やひき算ができるようになろう。

おわったらシールをはろう

教科書　232〜241ページ　　答え　19ページ

きほん 1　分数の大きさの表し方がわかりますか。

☆右の数直線で、㋐〜㋓の目もりが表す分数を書きましょう。1より大きい分数は帯分数（たいぶんすう）で表しましょう。

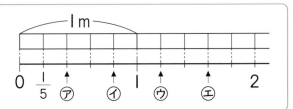

0　$\frac{1}{5}$　㋐　㋑　1　㋒　㋓　2

とき方　$\frac{1}{5}$ m のいくつ分かを考えます。㋒は $\frac{1}{5}$ m の 6 こ分で □ m です。これは 1 m とあと $\frac{1}{5}$ m と考えられるので、□ m とも表せます。

→「一（いち）と五分（ごぶん）の一（いち）」と読む。

答え　㋐ □ m　㋑ □ m　㋒ □ m　㋓ □ m

真分数（しんぶんすう）…$\frac{1}{5}$ や $\frac{3}{5}$ のように、分子が分母より小さい分数（1より小さい分数）

仮分数（かぶんすう）…$\frac{5}{5}$ や $\frac{6}{5}$ のように、分子と分母が等しいか、分子が分母より大きい分数

帯分数…$1\frac{1}{5}$ や $2\frac{3}{5}$ のように、整数と真分数の和で表した分数

1 次の分数の中から仮分数を選（えら）びましょう。

📖 教科書　233ページ 1

$$\frac{10}{5}、2\frac{1}{3}、\frac{9}{4}、\frac{6}{6}、3\frac{1}{7}、\frac{5}{8}$$

（　　　　　　　）

きほん 2　仮分数を帯分数になおせますか。

☆$\frac{13}{5}$ を帯分数で表しましょう。

とき方　$\frac{13}{5}$ の中に、$\frac{5}{5}$ が何こあるかを調べます。

$13÷5=2$ あまり 3 より、$\frac{13}{5}$ の中に 1$\left(=\frac{5}{5}\right)$ が □ こと、$\frac{1}{5}$ が □ こあります。

答え □

<仮分数→帯分数>

$$\frac{13}{5}=\frac{■\,●}{5}$$

$13÷5=■$ あまり ●

<帯分数→仮分数>

$$2\frac{3}{5}=\frac{▲}{5}$$

$5×2+3=▲$

　$\frac{3}{3}$ や $\frac{4}{4}$ のように分子と分母が同じ数のときは 1 になるけれど、$\frac{0}{0}$ は 1 にならないよ。これは分母が 0 の分数は考えないからだよ。

2 仮分数は帯分数か整数で、帯分数は仮分数で表しましょう。 教科書 236ページ**2** 237ページ**3**

① $\dfrac{19}{9}$ （　　　　） ② $\dfrac{16}{4}$ （　　　　） ③ $5\dfrac{3}{10}$ （　　　　）

きほん3 仮分数の計算のしかたがわかりますか。

☆ $\dfrac{6}{7}+\dfrac{4}{7}$ の計算をしましょう。

分母が同じ分数のたし算やひき算では、分母はそのままにして、分子だけたしたり、ひいたりすればいいよ。

とき方 $\dfrac{1}{7}$ のいくつ分になるかを考えます。

$\dfrac{6}{7}$ は □ の 6 こ分、$\dfrac{4}{7}$ は □ の 4 こ分

だから、$\dfrac{6}{7}+\dfrac{4}{7}=$ □　　**答え** □

3 計算をしましょう。 教科書 239ページ**1**

① $\dfrac{9}{8}+\dfrac{6}{8}$ ② $\dfrac{13}{9}+\dfrac{11}{9}$ ③ $\dfrac{14}{7}-\dfrac{8}{7}$

きほん4 帯分数の計算のしかたがわかりますか。

☆ $4\dfrac{2}{5}+1\dfrac{1}{5}$ の計算をしましょう。

とき方 帯分数のたし算は、整数部分と分数部分に分けて計算します。

**さんこう**

仮分数になおして、
$\dfrac{22}{5}+\dfrac{6}{5}=\dfrac{28}{5}\left(=5\dfrac{3}{5}\right)$ のようにもできます。

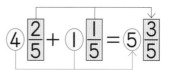 $4\dfrac{2}{5}+1\dfrac{1}{5}=5\dfrac{3}{5}$

答え □

4 計算をしましょう。 教科書 240ページ**2**

① $2\dfrac{3}{7}+1\dfrac{2}{7}$ ② $3\dfrac{3}{10}+2\dfrac{6}{10}$ ③ $6\dfrac{5}{7}-3\dfrac{2}{7}$

ポイント 分母が同じ分数のたし算やひき算は、分子で考えます。また、帯分数のたし算やひき算は、まず整数部分と分数部分に分けて考えましょう。

② **分数の計算** ［その2］
③ **分数の大きさ**

きほんのワーク

学習の目標・
いろいろな分数のたし算やひき算ができるようになろう。

おわったらシールをはろう

教科書 242〜245ページ 答え 19ページ

きほん1 分数部分の和が1より大きくなる帯分数のたし算がわかりますか。

⭐ $2\frac{4}{5}+\frac{3}{5}$ の計算をしましょう。

とき方 帯分数のたし算は、整数部分と分数部分に分けて計算します。

さんこう
仮分数になおして、
$\frac{14}{5}+\frac{3}{5}=\frac{17}{5}$
のように、計算することもできます。

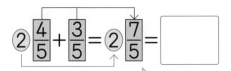

$$2\frac{4}{5}+\frac{3}{5}=2\frac{7}{5}=\boxed{}$$

$\frac{7}{5}$ は $1\frac{2}{5}$ と同じ。

答え

① 計算をしましょう。　　　　　　　　　　　　　　　　📖教科書 242ページ❸

❶ $3\frac{5}{6}+2\frac{3}{6}$　　　　❷ $1\frac{4}{8}+2\frac{5}{8}$

❸ $2\frac{4}{7}+1\frac{5}{7}$　　　　❹ $2\frac{1}{4}+3\frac{3}{4}$

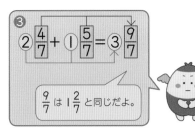
③ $2\frac{4}{7}+1\frac{5}{7}=3\frac{9}{7}$
$\frac{9}{7}$ は $1\frac{2}{7}$ と同じだよ。

きほん2 分数部分がひけないときの帯分数のひき算がわかりますか。

⭐ $3\frac{5}{8}-1\frac{7}{8}$ の計算をしましょう。

仮分数になおして、
$\frac{29}{8}-\frac{15}{8}=\frac{14}{8}\left(=1\frac{6}{8}\right)$
のようにもできるね。

とき方 ひく数の分数部分が大きくて、分数どうしのひき算ができないときは、ひかれる数の整数部分から1だけを分数になおして計算します。

$$3\frac{5}{8}-1\frac{7}{8}=2\frac{13}{8}-1\frac{7}{8}=\boxed{}$$

答え

② 計算をしましょう。　　　　　　　　　　　　　　　　📖教科書 243ページ❹

❶ $1\frac{2}{9}-\frac{3}{9}$　　　　❷ $3\frac{3}{7}-1\frac{5}{7}$

❸ $4\frac{1}{8}-1\frac{2}{8}$　　　　❹ $4-\frac{1}{6}$

❶は、$\left(1-\frac{3}{9}\right)+\frac{2}{9}$ と考えることもできるよ。
❹は、4 を $3\frac{6}{6}$ と考えるよ。

 分子が1の分数を単位分数といい、単位分数の和で表すことができる分数があるよ。
たとえば、$\frac{5}{6}$ は、$\frac{5}{6}=\frac{3}{6}+\frac{2}{6}=\frac{1}{2}+\frac{1}{3}$ のようにできるんだ。

きほん 3 大きさの等しい分数を見つけることができますか。

☆下の数直線を見て、$\frac{1}{2}$ と大きさの等しい分数を 4 つ答えましょう。

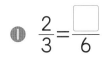

とき方 左の図で、$\frac{1}{2}$ の下を見ます。

$$\frac{1}{2} = \boxed{} = \boxed{}$$

$$= \boxed{} = \frac{5}{10}$$

答え

たいせつ

分母がちがっていても、大きさの等しい分数があります。分母が 2 倍、3 倍、…となっているとき、分子も 2 倍、3 倍、…となっている分数は、大きさの等しい分数といえます。

3 □にあてはまる数を書きましょう。　📖**教科書** 244ページ**1**

① $\frac{2}{3} = \frac{\boxed{}}{6}$　② $\frac{4}{10} = \frac{\boxed{}}{5}$　③ $\frac{3}{4} = \frac{\boxed{}}{8}$

きほん 4 分数の大小がわかりますか。

☆右の分数を大きい順（じゅん）に書きましょう。　$\left(\dfrac{1}{2} \quad \dfrac{1}{8} \quad \dfrac{1}{5} \right)$

とき方 分子が同じ真分数や仮分数では、分母が大きくなるほど数が小さくなります。分子はどの分数も $\boxed{}$ で、同じです。分母をくらべると、小さい順に、2、$\boxed{}$、$\boxed{}$ です。　**答え** $\boxed{}$ 、　、

4 大きい順に書きましょう。　📖**教科書** 245ページ**2**

① $\left(\dfrac{4}{5} \quad \dfrac{4}{6} \quad \dfrac{4}{4} \right)$　② $\left(\dfrac{7}{3} \quad \dfrac{7}{6} \quad \dfrac{7}{5} \right)$

(　　　　　)　　　(　　　　　)

ポイント 分子どうしをくらべたり、分母どうしをくらべたりして、分数の大きさをくらべられるようになりましょう。

できた数

／20問中

おわったら
シールを
はろう

教科書 232〜247ページ　答え 19ページ

1 仮分数と帯分数 仮分数は帯分数か整数で、帯分数は仮分数で表しましょう。

① $\dfrac{11}{7}$ （　　　　　）　　② $\dfrac{18}{3}$ （　　　　　）

③ $5\dfrac{3}{8}$ （　　　　　）　　④ $1\dfrac{7}{9}$ （　　　　　）

2 分数の大小 □にあてはまる不等号を書きましょう。

① $\dfrac{2}{10}$ □ $\dfrac{2}{8}$　　② $\dfrac{7}{5}$ □ $\dfrac{7}{8}$

③ $3\dfrac{1}{7}$ □ $\dfrac{18}{7}$　　④ $\dfrac{56}{9}$ □ $5\dfrac{7}{9}$

3 分数のたし算 計算をしましょう。

① $\dfrac{8}{3}+\dfrac{2}{3}$　　② $\dfrac{5}{4}+\dfrac{9}{4}$

③ $1\dfrac{2}{6}+1\dfrac{1}{6}$　　④ $1\dfrac{2}{9}+3\dfrac{3}{9}$

⑤ $1\dfrac{5}{8}+2\dfrac{5}{8}$　　⑥ $2\dfrac{3}{5}+1\dfrac{2}{5}$

4 分数のひき算 計算をしましょう。

① $\dfrac{11}{4}-\dfrac{6}{4}$　　② $3\dfrac{6}{9}-1\dfrac{2}{9}$

③ $2\dfrac{6}{7}-1\dfrac{4}{7}$　　④ $1\dfrac{4}{5}-\dfrac{6}{5}$

⑤ $3\dfrac{2}{6}-1\dfrac{5}{6}$　　⑥ $4-2\dfrac{4}{10}$

てびき

1 仮分数と帯分数
仮分数を帯分数になおすときは、
分子÷分母
の計算をします。
わりきれるときは、整数です。

2 分数の大小

仮分数か帯分数のどちらかにそろえて、大きさをくらべます。
分母が同じときは、分子が大きいほど、大きい分数になります。
分子が同じときは、分母が大きいほど、小さい分数になります。

3 分数のたし算
帯分数をふくむときは、整数部分と分数部分に分けて考えましょう。

4 分数のひき算
帯分数をふくんでいて、分数部分がひけないときは、
帯分数を仮分数になおすか、ひかれる数の整数部分から1だけを分数になおして計算します。

できるナビ　帯分数のたし算やひき算は、整数部分と分数部分に分けて考えていこう。

まとめのテスト

時間 **20**分

とく点　/100点

おわったら シールを はろう

教科書 232〜247ページ　答え 20ページ

1 よく出る 計算をしましょう。　1つ5〔30点〕

① $\dfrac{5}{3}+\dfrac{7}{3}$

② $2\dfrac{1}{4}+\dfrac{2}{4}$

③ $1\dfrac{3}{6}+\dfrac{4}{6}$

④ $1\dfrac{1}{5}+\dfrac{13}{5}$

⑤ $1\dfrac{7}{9}+3\dfrac{4}{9}$

⑥ $3\dfrac{7}{12}+2\dfrac{5}{12}$

2 $\dfrac{10}{7}$ L のジュースがあります。そこへ $\dfrac{8}{7}$ L のジュースをたすと、全部で何 L になりますか。　1つ5〔10点〕

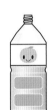

式

答え（　　　　　　　　）

3 よく出る 計算をしましょう。　1つ5〔30点〕

① $\dfrac{16}{9}-\dfrac{2}{9}$

② $\dfrac{16}{10}-\dfrac{13}{10}$

③ $2\dfrac{3}{5}-\dfrac{7}{5}$

④ $3\dfrac{5}{8}-1\dfrac{2}{8}$

⑤ $3-2\dfrac{1}{6}$

⑥ $4\dfrac{2}{4}-1\dfrac{3}{4}$

4 家からデパートまでは、$5\dfrac{1}{3}$ km あります。$\dfrac{2}{3}$ km は歩き、残りはバスに乗ります。バスに乗ったのは、何 km ですか。　1つ5〔10点〕

式

答え（　　　　　　　　）

5 大きい順に書きましょう。　1つ5〔20点〕

① $\left(\dfrac{7}{9}\quad\dfrac{3}{9}\quad\dfrac{2}{9}\right)$

（　　　　　　　　）

② $\left(\dfrac{9}{10}\quad1\dfrac{9}{10}\quad1\right)$

（　　　　　　　　）

③ $\left(\dfrac{13}{5}\quad4\quad\dfrac{13}{3}\right)$

（　　　　　　　　）

④ $\left(\dfrac{5}{6}\quad1\quad\dfrac{5}{4}\right)$

（　　　　　　　　）

ふろくの「計算練習ノート」25〜27ページをやろう！

 チェック ✓
□ 分数のたし算、ひき算はできたかな？
□ 分数の大小はわかったかな？

① 直方体と立方体
② 展開図

きほんのワーク

| 教科書 | 250～256ページ | 答え | 20ページ |

きほん **1** 直方体や立方体がどんな形かわかりますか。

☆下の表は、直方体や立方体の頂点、辺、面の数について調べたものです。あいているところにあてはまる数を書きましょう。

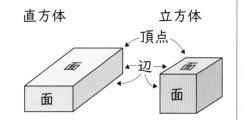

直方体　　　　　　立方体
頂点
辺
面　　面

	頂点	辺	面
直方体	㋐	㋑	㋒
立方体	㋓	㋔	㋕

とき方 長方形だけでかこまれた形や、長方形と正方形でかこまれた形を 直方体 といい、正方形だけでかこまれた形を 立方体 といいます。直方体、立方体のどちらも頂点の数は ☐、辺の数は ☐、面の数は ☐ で、同じになります。

答え 上の表に記入

直方体や立方体、球などの形を「立体」といい、直方体の面のような、平らな面のことを「平面」というんだ。

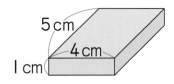
ちゅうい

直方体…面の形は長方形、または、長方形と正方形なので、長さの等しい辺が4つずつ3組あるか、または、長さの等しい辺が4つと8つあります。
立方体…面の形がすべて正方形なので、すべての辺の長さが等しくなっています。

1 下の直方体には、どのような形の面がそれぞれいくつずつありますか。

📖 教科書 253ページ **2**

5cm
4cm
1cm

形も大きさも同じ面は、いくつずつ、何組あるかな。

さんすうはかせ 箱やつつのように、平らな面や曲がった面でかこまれた形を「立体」というよ。だから、直方体や立方体は「立体」だし、球も「立体」というよ。

☆下の直方体を辺にそって切り開いた形をかきましょう。ただし、方眼の１目もりは１cmとします。

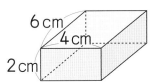

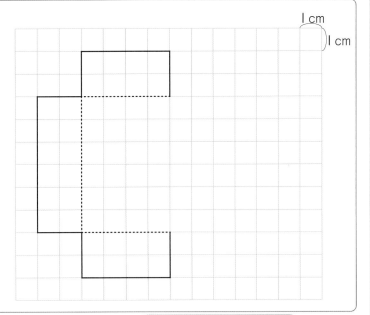

とき方 直方体や立方体を、辺にそって切り開き、平面の上に広げてかいた図を 展開図 といいます。切り開く辺によって、いろいろな展開図ができます。

答え 上の図に記入

> 直方体の展開図は、たて、横、高さの３つの辺の長さがわかれば、かけるよ。

2 下の直方体の展開図をかきましょう。

📖教科書 254ページ**1**

3 右の展開図を組み立ててできる立体について、答えましょう。

📖教科書 254ページ**1** 256ページ**2**

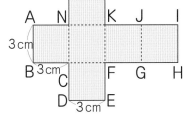

❶ 何という立体ができますか。

（　　　　　　　　　）

❷ 辺KJの長さは何cmですか。

（　　　　　　　　　）

❸ 頂点Eと重なる頂点はどれですか。

（　　　　　　　　　）

❹ 辺IHと重なる辺はどれですか。

（　　　　　　　　　）

ポイント 展開図では、その立体がどのような面で組み立てられているのかがわかります。切り開く辺によって、同じ立体でも展開図はいろいろできることに注意しましょう。

③ 面や辺の垂直と平行
④ 見取図　⑤ 位置の表し方

きほんのワーク

学習の目標・
直方体や立方体の面と面や、面と辺の関係を理かいしよう。

おわったら
シールを
はろう

教科書 257〜262ページ　答え 20ページ

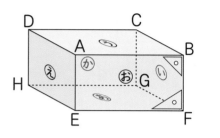

きほん 1 直方体の面と面や辺と辺や面と辺の関係がわかりますか。

右の直方体を見て、答えましょう。
① 面あに垂直な辺を全部答えましょう。
② 面あに垂直な面を全部答えましょう。
③ 面あに平行な面を答えましょう。
④ 面あに平行な辺を全部答えましょう。

とき方 辺と面、または、面と面でできた角が直角のとき、 垂直 であるといいます。直方体や立方体では、となり合った2つの面は、みな垂直です。面あに垂直な辺は ☐ つ、面あに垂直な面も ☐ つあります。また、直方体や立方体では、向かい合った面と面は 平行 です。さらに、2つの面が平行なとき、一方の面の上にある直線は、かならずもう一方の面と平行になっています。面あに平行な面は、面 ☐ だから、面あに平行な辺は、面 ☐ の上に4つあります。

直方体や立方体では、1つの面に平行な面は1つ、平行な辺は4つあるね。

たいせつ☆
直方体や立方体では、向かい合う面は平行で、となり合う面は垂直です。

答え ① 辺 ☐　辺 ☐　辺 ☐　辺 ☐
② 面 ☐　面 ☐　面 ☐　面 ☐
③ 面 ☐　④ 辺 ☐　辺 ☐　辺 ☐　辺 ☐

1 右の直方体を見て、答えましょう。

📖教科書 257ページ**1**
258ページ**2**
259ページ**3**

① 面あに、垂直な面の数、平行な面の数

垂直（　　　　）　平行（　　　　）

② 辺ABに、垂直な辺の数、平行な辺の数

垂直（　　　　）　平行（　　　　）

③ 辺ABに垂直な面の数

（　　　　）

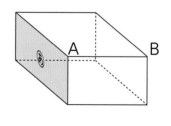

 直方体の1つの辺から見て、平行や垂直にならない辺は「ねじれ」の位置にあるというんだよ。

きほん2 直方体の見取図がかけますか。

☆下の図の続きをかいて、直方体の見取図を完成させましょう。

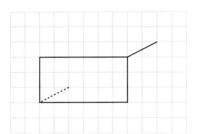

とき方 直方体や立方体などの全体の形がわかるようにかいた図を、見取図といいます。

見取図は、次のようにするとかきやすくなります。

1 正面の面をかく。

2 見えている辺をかく。

3 見えない辺を点線でかく。

見取図は、少しななめ上から見たようにかくと、3つの面が一目で見えるようにかけるね。また、平行な辺は平行になるようにかくよ。

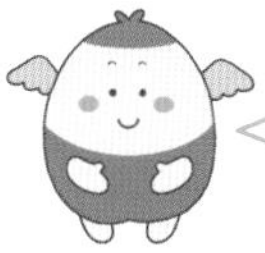

答え 上の図に記入

2 右の図は、直方体の見取図をかきかけたものです。見えない辺を点線にして、続きをかいて見取図を完成させましょう。

教科書 260ページ1

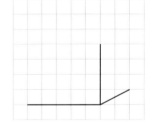

きほん3 位置の表し方がわかりますか。

☆下の図で、ⓐをもとにすると、ⓘの位置は（横へ 1 cm、たてへ 2 cm）と表せます。ⓘと同じように、ⓤの位置を表しましょう。

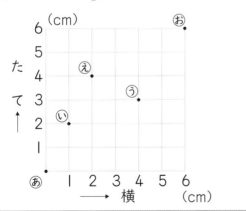

とき方 平面上にある点の位置は、2つの長さの組で表すことができます。ⓤは、ⓐから横へ 4 cm、たてへ [ ] cm の点といえます。

答え（横へ [ ] cm、たてへ [ ] cm）

3 きほん3の図を見て、答えましょう。

教科書 261ページ1

❶ ⓘと同じように、ⓔの位置を表しましょう。 （ ）

❷ ⓘと同じように、ⓞの位置を表しましょう。 （ ）

ポイント 見取図は、全体の形がわかるようにかいた図なので、立体のおよその形がわかります。また、平行や垂直がわかりやすくなります。

練習のワーク

教科書 250〜264ページ | 答え 21ページ

できた数 /9問中

おわったら
シールを
はろう

---

1 直方体と立方体 □にあてはまる数や言葉を書きましょう。

① 長方形だけでかこまれた形や、長方形と正方形でかこまれた形を □ といいます。

② 立方体の頂点の数は □ で、辺の数は □ で、面の数は □ です。

2 直方体の見取図・展開図 たてが2cm、横が4cm、高さが2cmの直方体があります。

① 見取図をかきましょう。

② 展開図の続きをかきましょう。

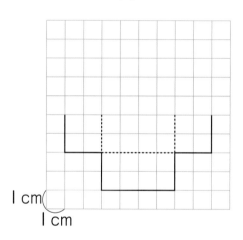

1 cm
1 cm

3 面や辺の垂直と平行 右の直方体について答えましょう。

① 面あに垂直な辺を全部答えましょう。

（　　　　　　　　　）

② 辺EFに平行な辺を全部答えましょう。

（　　　　　　　　　）

③ 辺EFに垂直な辺を全部答えましょう。

（　　　　　　　　　）

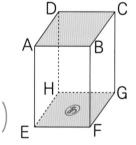

てびき

1 直方体と立方体

たいせつ☆

直方体⇒6つの長方形や、長方形と正方形でかこまれた立体
立方体⇒6つの正方形でかこまれた立体

2 直方体の見取図・展開図

見取図のかき方
①たてが2cm、横が4cmの正面の長方形をかく。
②見えている辺をかく。
平行になっている辺は、平行になるようにかくことに注意する。
③見えない辺は点線でかく。

展開図のかき方
①重なる辺は同じ長さになるようにかく。
②切り開いた辺以外は点線でかく。

3 面や辺の垂直と平行
直方体や立方体では、向かい合った面は平行で、となり合った面は垂直です。

108

まとめのテスト

時間 20 分

とく点 /100点

おわったら シールを はろう

教科書 250〜264ページ　答え 21ページ

1 よく出る 右の図は、たて３cm、横４cm、高さ２cmの直方体の展開図をかきかけたものです。続きをかきましょう。ただし、方眼の１めもりは１cmとします。 〔10点〕

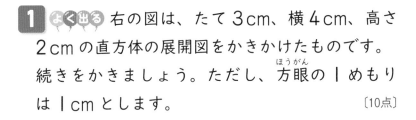

2 よく出る 右の展開図を組み立ててできる立体について、答えましょう。 1つ10〔70点〕

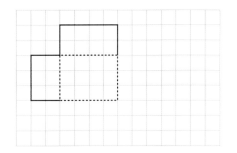

① 何という立体ができますか。

( )

② この展開図を組み立ててできる立体の見取図を右の □ にかき、辺の長さも書き入れましょう。

③ 辺IHの長さは何cmですか。

( )

④ 面◯に平行な面を答えましょう。

( )

⑤ 辺ANに重なる辺を答えましょう。

( )

⑥ 面◯に垂直な面を全部答えましょう。

( )

⑦ 辺DEに垂直な面を全部答えましょう。

( )

3 右の図は、立方体の積み木を積んだものです。◯をもとにすると、◯の位置は（横１、たて０、高さ２）と表せます。◯、◯の位置をそれぞれ表しましょう。 1つ10〔20点〕

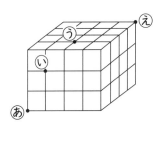

◯ ( )

◯ ( )

チェック ☑ □ 展開図や見取図をかくことはできたかな？
□ 面や辺の位置の関係はわかったかな？

まとめのテスト①

時間 **20** 分

とく点 　　　　/100点

おわったら シールを はろう

教科書 265〜269ページ　　答え 21ページ

1 ①の数は漢字で書き、②の数は数字で書きましょう。　　1つ6〔12点〕

① 368045291　　（　　　　　　　　　　　）

② 三十兆四千九百三十万　　（　　　　　　　　　　　）

2 □にあてはまる数を書きましょう。　　1つ6〔18点〕

① 1億を20こ、100万を3こ、1000を5こ合わせた数は （　　　） です。

② 1を3こ、0.01を10こ、0.001を4こ合わせた数は （　　　） です。

③ 0.01を308こ集めた数は （　　　） です。

3 四捨五入して、（　）の中の位までのがい数にしましょう。　　1つ7〔14点〕

① 20942（千）（　　　　　　　）　　② 682013（一万）（　　　　　　　）

4 次の分数について、真分数、仮分数、帯分数に分けましょう。　　〔10点〕

$$\frac{7}{5}、\frac{5}{8}、1\frac{3}{4}、\frac{9}{3}、4\frac{5}{9}、\frac{6}{6}、3\frac{1}{2}、\frac{23}{7}$$

真分数 （　　　　　　　）

仮分数 （　　　　　　　）　　帯分数 （　　　　　　　）

5 小さい順に書きましょう。　　〔10点〕

$$\left(\frac{8}{7}\quad 1\quad 1\frac{5}{7}\quad \frac{16}{7}\quad \frac{4}{7}\right)$$ （　　　　　　　）

6 商を一の位まで求めて、わりきれないときは、あまりもだしましょう。　　1つ6〔36点〕

① 95÷5　　② 93÷23　　③ 108÷24

④ 863÷234　　⑤ 6250÷422　　⑥ 67000÷8000

チェック ✓
□ 大きな数の表し方や小数のしくみがわかったかな？
□ 真分数、仮分数、帯分数は正しく理かいできているかな？

勉強した日　月　日

まとめのテスト❷

時間 **20**分

とく点 /100点

おわったらシールをはろう

教科書 265〜269ページ　答え 21ページ

1 計算をしましょう。　　　　　　　　　　　　　　　　　　1つ4〔12点〕
- ❶ 4.2＋6.83
- ❷ 5.33－2.18
- ❸ 7－3.53

2 計算をしましょう。わり算はわりきれるまで計算しましょう。　1つ4〔12点〕
- ❶ 18.15×40
- ❷ 0.476×35
- ❸ 7.28÷28

3 商を一の位まで求めて、あまりもだしましょう。　　　　　1つ5〔15点〕
- ❶ 19.8÷7
- ❷ 36.9÷14
- ❸ 63.5÷27

4 計算をしましょう。　　　　　　　　　　　　　　　　　　1つ6〔18点〕
- ❶ $\frac{3}{6}+\frac{7}{6}$
- ❷ $1\frac{2}{4}+2\frac{3}{4}$
- ❸ $4\frac{2}{7}-1\frac{4}{7}$

5 みかさんの体重は 40kg で、お父さんの体重は 64kg です。
お父さんの体重は、みかさんの体重の何倍ですか。　1つ7〔14点〕

式

答え（　　　　　　　　　）

6 次のあ、い、うの角度は何度ですか。　　　　　　　　　　1つ5〔15点〕

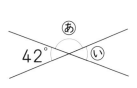
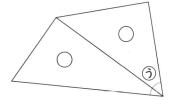

あ（　　　　　　　）

い（　　　　　　　）

う（　　　　　　　）

7 色のついた部分の面積を求めましょう。　　　　　　　　　1つ7〔14点〕

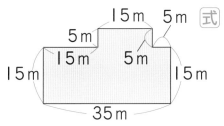

式

答え（　　　　　　　）

□小数、分数の計算は正しくできたかな？
□角度や面積を正しく求めることができたかな？

111

● 4年のふくしゅう

まとめのテスト❸

時間 **20**分

とく点

/100点

おわったら
シールを
はろう

教科書 265〜269ページ　答え 22ページ

1 右の展開図を組み立ててできる立体について答えましょう。　　1つ9〔36点〕

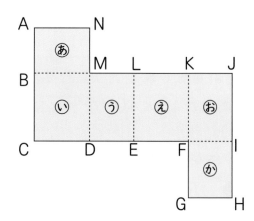

① 頂点Nと重なる頂点はどれですか。

（　　　　　　　　）

② 辺CDと重なる辺はどれですか。

（　　　　　　　　）

③ 面⊙と平行になる面はどれですか。

（　　　　　　　　）

④ 面⑤と垂直になる面を全部書きましょう。　　（　　　　　　　　　　　　）

2 下の表は、たかしさんの学校でけがをした人数を調べたものです。　　1つ10〔20点〕

月	4	5	6	7	8	9	10
けがをした人数(人)	18	⊛	34	23	12	19	17

① 表の⊛にあてはまる数はいくつですか。

（　　　　　　　　）

② 右の折れ線グラフの続きをかきましょう。

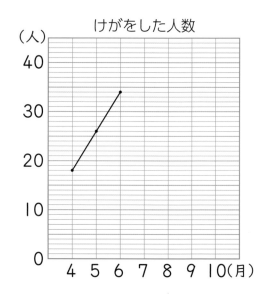

けがをした人数

3 右の表の⊛〜⊛にあてはまる数を書きましょう。また、次の問題に答えましょう。

1つ4〔44点〕

① 西店に、いちばん多くいる動物は何ですか。

（　　　　　　　　）

ペットショップにいる動物の種類　　（ひき）

店＼種類	犬	ねこ	小鳥	ハムスター	金魚	合計
東店	1	0	⊛	6	12	⊙
西店	⊙	1	12	⊛	0	24
南店	1	⊛	5	4	15	26
合計	2	⊛	26	⊛	⊙	⊛

② ハムスターが、一番多くいる店はどこですか。　　（　　　　　　　　　　　）

ふろくの「計算練習ノート」28〜29ページをやろう！

112

チェック☑

□ 展開図を組み立ててできる立体について正しく理かいできたかな？
□ 折れ線グラフをかいたり表の読み取りをしたりできたかな？

名前

●勉強した日　月　日

とく点 /100点

教科書 16～119ページ　答え 23ページ

おわったら シールを はろう

1 4年3組の26人について、クロールと平泳ぎができるかできないかを調べました。クロールのできない人は全部で10人、平泳ぎのできる人は全部で16人でした。

1つ5 [15点]

クロールと平泳ぎ調べ (人)

	平泳ぎ できる	平泳ぎ できない	合計
クロール できる	16		
クロール できない		3	10
合計	16		26

① 平泳ぎができて、クロールのできない人は何人ですか。

（　　　　）

② クロールと平泳ぎのどちらもできる人は何人ですか。

（　　　　）

③ 平泳ぎのできない人は、全部で何人ですか。

（　　　　）

2 計算をしましょう。 1つ6 [24点]

① 78÷4

（　　　　）

② 960÷4

（　　　　）

③ 762÷3

（　　　　）

④ 544÷6

（　　　　）

3 次の数を数字で書きましょう。 1つ5 [10点]

① 7000億の10倍の数

（　　　　）

② 100億を140こ集めた数

（　　　　）

4 次のような三角形をかきましょう。 1つ6 [12点]

① 5cm, 40°, 50°

② 4cm, 90°, 35°

5 計算をしましょう。 1つ6 [24点]

① 42－63÷7

（　　　　）

② 14×8－(54－28)

（　　　　）

③ 102×56

（　　　　）

④ 124×25

（　　　　）

6 右の長方形ABCDの図を見て、いろいろな四角形を見つけましょう。 1つ5 [15点]

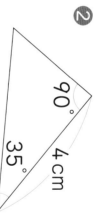

① 長方形は何こありますか。

（　　　　）

② ひし形は何こありますか。

（　　　　）

③ 台形は何こありますか。

（　　　　）

夏休みのテスト①

1 右の折れ線グラフは、4年1組の教室の気温の変わり方を表したものです。1つ4[16点]

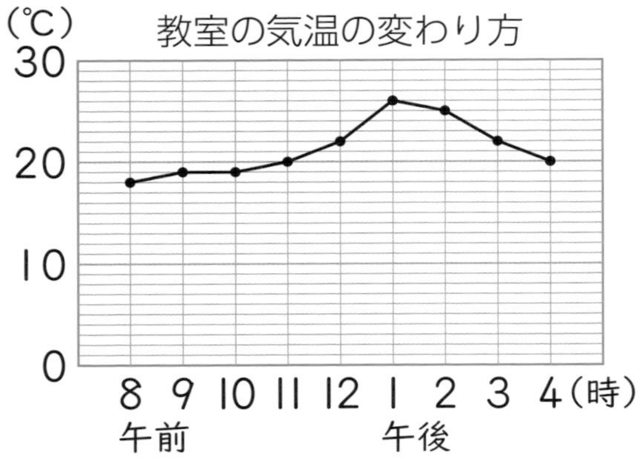

教室の気温の変わり方

(℃) 30　20　10　0

8 9 10 11 12 1 2 3 4(時)
午前　　　　午後

① いちばん気温が高いのは、何℃で、それは何時ですか。

気温（　　　）　時こく（　　　）

② 気温の下がり方がいちばん大きいのは、何時と何時の間ですか。（　　　）

③ 気温が変わっていないのは、何時と何時の間ですか。（　　　）

2 計算をしましょう。1つ4[24点]

① 95÷5
② 69÷4
③ 89÷7
④ 360÷6
⑤ 805÷8
⑥ 457÷9

3 次の数の読み方を漢字で書きましょう。1つ5[10点]

① 6182570947
② 37431110520000

4 次の角度は何度ですか。1つ5[15点]

①
②
③

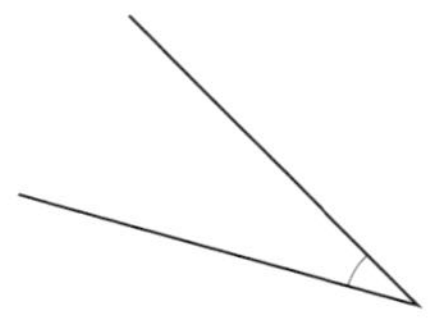

5 1こ150円のりんごと、1こ200円のなし、30円の箱があります。次の式はどんな買い物をするときの代金を求める式かを書きましょう。また、そのときの代金も求めましょう。1つ5[20点]

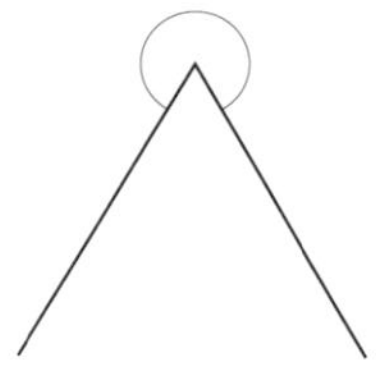

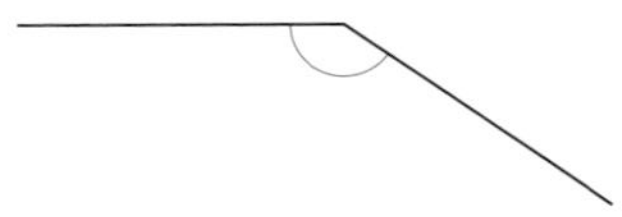

① $150×4+30$

代金（　　　）

② $(150+200+30)×4$

代金（　　　）

6 右の図で、直線あと直線えは、直線うとえは平行です。カ〜⑦の角度は、それぞれ何度ですか。1つ5[15点]

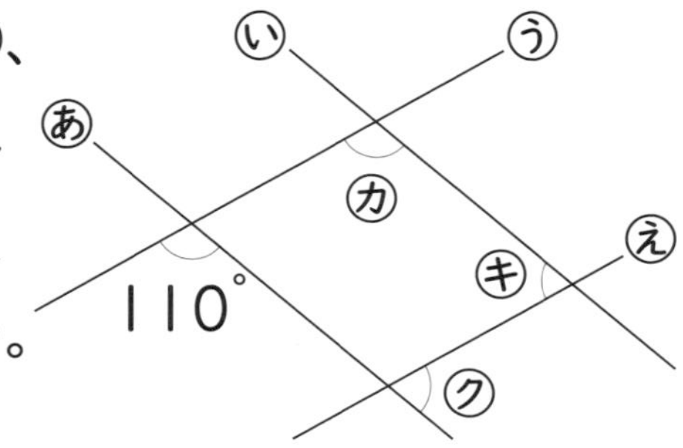

110°

カ（　　　）　⑦（　　　）
⑦（　　　）

まるごと 文章題テスト①

実力判定テスト

時間 30分

●勉強した日　月　日

名前

とく点　／100点

いろいろな文章題にチャレンジしよう！

答え 24ページ

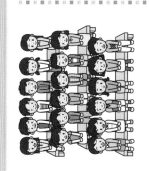

1 4年生は137人います。6人ずつ長いすにすわっていくと、全員がすわるには、長いすは何台いりますか。

1つ5 [10点]

式

答え（　　　）

2 0、2、4、5、9の5この数字を1回ずつ使ってできる5けたの整数のうち、3番目に小さい数をつくり、数字で答えましょう。

[10点]

答え（　　　）

3 折り紙が481まいあります。この折り紙を13人で同じ数ずつ分けると、1人分は何まいになりますか。

1つ5 [10点]

式

答え（　　　）

4 あきらさんはシールを14まい持っています。お兄さんはあきらさんの6倍のまい数のシールを持っています。お兄さんはシールを何まい持っていますか。

1つ5 [10点]

式

答え（　　　）

5 面積が128m²で、横の長さが16mの長方形の形をした畑があります。たての長さは何mですか。

1つ5 [10点]

式

答え（　　　）

6 水が5.4L入っているバケツと、2.28L入っている花びんがあります。

1つ5 [20点]

① 水は合わせて、何Lですか。

式

答え（　　　）

② 水のかさのちがいは、何Lですか。

式

答え（　　　）

7 同じコイン9まいの重さをはかったら、47.7gありました。

1つ5 [20点]

① コイン1まいの重さは、何gですか。

式

答え（　　　）

② コイン16まい分の重さは、何gですか。

式

答え（　　　）

8 2 5/7 Lのジュースがあります。そこへ 3/7 Lのジュースをたすと、ジュースは全部で何Lになりますか。

1つ5 [10点]

式

答え（　　　）

算数 4年 大日 ④ オモテ

実力判定テスト

まるごと 文章題テスト②

いろいろな文章題にチャレンジしよう！

時間 30分

名前

とく点 ／100点

●勉強した日 月 日

おわったら シールを はろう

答え 24ページ

1 276cmのはり金を、8cmずつ切ると、8cmのはり金は何本とれて、何cmあまりますか。

1つ5〔10点〕

式

答え（　　　　　）

2 みかさんのたん生日に、1こ670円のケーキと、1こ260円のおかしをそれぞれ1こずつ買うことにしました。友だち3人で代金を等分すると、1人分は何円になりますか。（　）を使って1つの式に表してから、答えを求めましょう。

1つ5〔10点〕

答え（　　　　　）

3 1こ182円のアイスクリームを29こ買うと、代金はおよそいくらになりますか。四捨五入して上から1けたのがい数にして、答えを見積もりましょう。

〔10点〕

式…

答え…（　　　　　）

4 色紙が735まいあります。けんたさんのクラスの36人で同じ数ずつ分けると、1人分は何まいで、何まいあまりますか。

1つ5〔10点〕

式

答え（　　　　　）

5 ゆみさんの体重は30kg、弟の体重は24kgです。ゆみさんの体重は、弟の体重の何倍ですか。

1つ5〔10点〕

式

答え（　　　　　）

6 40cmのゴムⓐをいっぱいでのばしたら、120cmになりました。また、20cmのゴムⓘをいっぱいでのばしたら、100cmになりました。どちらのほうがよくのびるといえますか。

〔10点〕

答え（　　　　　）

7 重さ640gの箱に、3.52kgのりんごを入れると、全体の重さは何kgになりますか。

1つ5〔10点〕

式

答え（　　　　　）

8 1辺が300mの正方形の形をした公園の面積は何aですか。また、何haですか。

1つ5〔10点〕

式

答え（　　　　　）

9 5.2Lのオレンジジュースを24人で等分すると、1人分はおよそ何Lになりますか。答えは四捨五入して、上から2けたのがい数で求めましょう。

1つ5〔10点〕

式

答え（　　　　　）

10 家から図書館までは4kmあります。$\frac{2}{3}$kmは歩き、残りは電車に乗ります。電車に乗るのは何kmですか。

1つ5〔10点〕

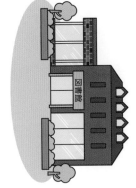

式

答え（　　　　　）

●勉強した日　月　日

名前

教科書 16～269ページ　答え 24ページ

時間 30分

とく点 /100点

おわったらシールをはろう

1 右の折れ線グラフ(℃)は、ある町の1年間の気温の変わり方を表したものです。　1つ5 [15点]

① いちばん気温が低いのは何℃で、それは何月ですか。

気温（　　　）月（　　　）

② 気温が1℃上がっているのは、何月と何月の間ですか。

（　　　）

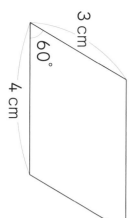

1年間の気温の変わり方

気温(℃) 30 20 10 0 ／ 1 2 3 4 5 6 7 8 9 10 11 12(月)

2 1組の三角じょうぎを組み合わせてできる、あ、いの角度は何度ですか。　1つ5 [10点]

① あ（　　　）

② い（　　　）

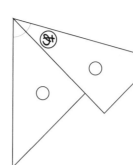

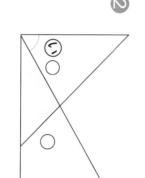

3 下の図のような平行四辺形をかきましょう。　[10点]

3cm　4cm　60°

4 次の答えを、百の位までのがい数で求めましょう。　1つ5 [10点]

① 489＋1119　（　　　）

② 885－287－512　（　　　）

5 右の形の面積を求めましょう。　1つ5 [10点]

式

答え（　　　）

10cm　8cm　7cm　8cm　8cm　25cm　10cm

6 米が17.5kgあります。この米を3kgずつふくろにつめると、何ふくろできて何kgあまりますか。　1つ5 [10点]

式

答え（　　　）

7 計算をしましょう。　1つ5 [20点]

① $\frac{4}{5} + \frac{6}{5}$　（　　　）

② $1\frac{3}{4} + 3\frac{2}{4}$　（　　　）

③ $\frac{9}{8} - \frac{5}{8}$　（　　　）

④ $2\frac{1}{7} - \frac{5}{7}$　（　　　）

8 たて2cm、横3cm、高さ1cmの直方体の展開図をかきましょう。ただし、1つの方眼は1cmの正方形です。　[15点]

学年末のテスト①

仕上げテスト

時間 30分

勉強した日　月　日

名前

とく点　／100点

教科書　16〜269ページ　答え　24ページ

おわったらシールをはろう

1 花の種が114こあります。3クラスで種を同じ数ずつ分けて植えるとき、1クラスでこの種を植えることになりますか。

〔式〕 1つ5〔10点〕

答え（　　）

2 0から9までの10まいのカードで、下の10けたの数をつくりました。 1つ4〔16点〕

| 4 | 2 | 5 | 0 | 3 | 6 | 1 | 8 | 7 | 9 |

① いちばん左の数字は何の位ですか。

（　　）

② 2は、何が2こあることを表していますか。

（　　）

③ この数を四捨五入して、上から2けたの数と、一万の位までのがい数にしましょう。

上から2けた（　　）

一万の位（　　）

3 次のような直線をひきましょう。 1つ6〔12点〕

① 点Aを通って、直線あに垂直な直線

② 点Aを通って、直線あに平行な直線

線あに垂直な直線　　線あに平行な直線

あ ・A　　　　あ ・A

4 計算をしましょう。 1つ4〔16点〕

① 5.68+1.45　② 0.697+0.363

（　　）　　　　（　　）

③ 6.24−0.98　④ 9−3.43

（　　）　　　　（　　）

5 計算をしましょう。わり算はわりきれるまで計算しましょう。 1つ4〔24点〕

① 4.3×6　② 3.14×8

（　　）　　　　（　　）

③ 62.54×40　④ 14.8÷8

（　　）　　　　（　　）

⑤ 83.2÷32　⑥ 4.98÷6

（　　）　　　　（　　）

6 入れ物に、さとうが $\frac{3}{8}$ kg入っています。この入れ物に、さらにさとうを入れたところ、全体の重さは $\frac{11}{8}$ kgになりました。入れたさとうの重さは何kgですか。 1つ5〔10点〕

〔式〕

答え（　　）

7 右の直方体を見て、答えましょう。 1つ4〔12点〕

① 面あに平行な面はどれですか。

（　　）

② 頂点Aを通って、辺ABに垂直な辺はどれですか。全部書きましょう。

（　　）

③ 辺ABに平行な辺の数を答えましょう。

（　　）

算数 4年 大日 ③ オモテ

答えとてびき

「答えとてびき」は、とりはずすことができます。

大日本図書版

算数 **4** 年

使い方

まちがえた問題は、もういちどよく読んで、なぜまちがえたのかを考えましょう。正しい答えを知るだけでなく、なぜそうなるかを考えることが大切です。

---

1 しりょうをわかりやすく整理しよう

2・3ページ きほんのワーク

きほん1 17、1、2、2、21

　　　　　　　　　答え 17、1、2、2、21

1 ① 1℃　② 午後2時、29℃
　③ 午後4時と午後6時の間

きほん2 気温、答え（℃）
気温、
直線

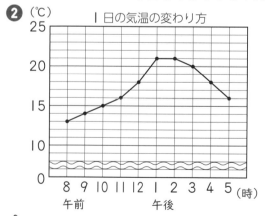

2 ② 10℃より低い気温のときがないので、10℃までの目もりを省くことができます。表題もわすれずに書きましょう。

4・5ページ きほんのワーク

きほん1 4、10

答え けがの種類と場所　　　（人）

けがの種類＼場所	校庭		教室		ろうか		体育館		合計
すりきず	正一	6	正	5		0		0	11
打ぼく	正	4		0		0	正	4	8
切りきず	下	2	正一	6	下	2		0	10
ねんざ		0		0	一	1	下	2	3
合計		12		11		3		6	32

1 2組

けがをした場所と組　　　（人）

場所＼組	1	2	3	4	合計
校庭	1	6	2	3	12
教室	4	2	2	3	11
ろうか	1	0	2	0	3
体育館	2	2	0	2	6
合計	8	10	6	8	32

きほん2 答え　あ 3　　い 2　　う 5　　え 2
　　　　　　お 1　　か 3　　き 5　　く 3
　　　　　　け 8

2 ① あ 16　　い 7　　う 23　　え 3
　　　お 2　　か 5　　き 19　　く 9
　　　け 28
　② 16人　　　③ 7人
　④ 4年1組の人数

表にまとめるときは、「正」の字を書いていくと、まちがえることなく調べられます。また、数え落としがないよう、数えたものには印をつけておきましょう。

練習のワーク❶

❶ ⑦、⑦

❷ ❶ 1ぱん…8人　　2はん…7人

❷ 書き取りテストの点数(人)

はん \ 点数	10点	9点	8点	7点	6点	合計
1ぱん	2	0	3	2	1	8
2はん	2	2	1	2	0	7
合計	4	2	4	4	1	15

❸ 8点　　　　❹ 9点

> **てびき**
> ❶ ㊤は、いろいろな場所の気温なので、折れ線グラフにはあいません。⑦や㋺は、ぼうグラフにすると、くらべやすくなります。
> ❷ ❷ 8＋7＝15、4＋2＋4＋4＋1＝15と、たての合計と横の合計が等しくなっているか調べます。

練習のワーク❷

❶ ❶
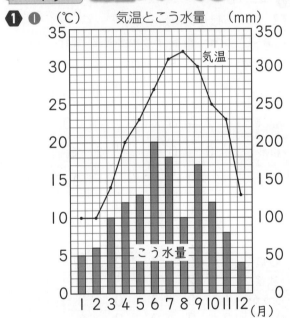

❷ 月…8月
　気温…32℃

❸ 月…12月
　こう水量…40mm

❷ ⓐ □　　ⓑ ○　　ⓒ △　　ⓓ 赤　　ⓔ 7
　ⓕ 3　　ⓖ 14　　ⓗ 3　　ⓘ 11　　ⓙ 7
　ⓚ 10　　ⓛ 8　　ⓜ 25

> **てびき**
> ❷ 表にまとめるときは、たてと横の合計も出して、等しいことのたしかめもわすれずにしましょう。

まとめのテスト❶

❶ ❶ たて…気温　　横…時こく

❷
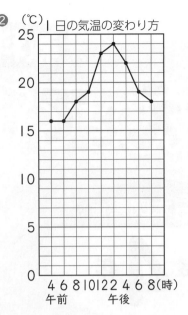

❸ 午前4時と午前6時の間

❹ 午前10時と午前12時の間

❷ ❶ ⓐ 3　　ⓑ 4　　ⓒ 7　　ⓓ 2　　ⓔ 1
　ⓕ 3　　ⓖ 5　　ⓗ 5　　ⓘ 10

❷ ふみやさん

> **てびき**
> ❶ ❷ 自分で目もりを決めるときは、この問題のように15℃より低い気温がなければ、15℃より低いところの目もりを〰を使って省くこともできます。
> ❷ 伝記と科学読み物の好き(○)、きらい(△)によって、○○、○△、△○、△△の4つのグループに分けられます。

まとめのテスト❷

❶ ❶ 月…1月　　　気温のちがい…5℃

❷ 最低気温

❷ ❶ 住んでいる町別の生まれた月調べ(人)

町 \ 月	4~6月	7~9月	10~12月	1~3月	合計
南町	4	1	2	3	10
北町	2	3	3	2	10
合計	6	4	5	5	20

❷ 南町の7~9月　　❸ 4~6月

> **てびき**
> ❶ 2つの折れ線グラフを読み取ります。
> ❶ 間が一番あいている月をさがします。
> ❷ 最低気温のほうが、かたむきが急になっているので、変わり方が大きいといえます。

2 わり算のしかたを考えよう

きほんのワーク

きほん❶ 2、6 ➡ 1、8 ➡ 6、1、8 ➡ 0　　　答え 26

左ページ

❶ ① 19 / 4)76 / 4 / 36 / 36 / 0
② 27 / 2)54 / 4 / 14 / 14 / 0
③ 14 / 7)98 / 7 / 28 / 28 / 0
④ 12 / 6)72 / 6 / 12 / 12 / 0

⑤ 17 / 3)51 / 3 / 21 / 21 / 0
⑥ 18 / 5)90 / 5 / 40 / 40 / 0
⑦ 23 / 4)92 / 8 / 12 / 12 / 0

きほん② 2、8 ➡ 1、5 ➡ 3、1、2、3

答え 23、3、4、23、3、95

❷ ① 29 / 2)59 / 4 / 19 / 18 / 1
② 18 / 5)93 / 5 / 43 / 40 / 3
③ 26 / 3)80 / 6 / 20 / 18 / 2

たしかめ 2×29+1=59　たしかめ 5×18+3=93　たしかめ 3×26+2=80

❸ ① 20 / 4)81 / 8 / 1
② 7 / 8)62 / 56 / 6

てびき ❸ 商がたたない位には0をたてます。また、一の位から商がたつこともあります。

👆 たしかめよう!
わり算の筆算は九九を使って、たてる → かける → ひく → おろす をくり返して計算を進めます。

12・13 ページ きほんのワーク

きほん① 1 ➡ 4 ➡ 8、3　答え 148 あまり 3

❶ ① 157 / 5)785 / 5 / 28 / 25 / 35 / 35 / 0
② 113 / 6)679 / 6 / 7 / 6 / 19 / 18 / 1
③ 112 / 8)896 / 8 / 9 / 8 / 16 / 16 / 0

きほん② 1 ➡ 0、0 ➡ 7、1　答え 107 あまり 1

❷ ① 309 / 3)927 / 9 / 27 / 27 / 0
② 106 / 6)640 / 6 / 40 / 36 / 4
③ 204 / 4)816 / 8 / 16 / 16 / 0
④ 107 / 7)754 / 7 / 54 / 49 / 5

きほん③ 6 ➡ 9、3　答え 69 あまり 3

❸ ① 67 / 2)134 / 12 / 14 / 14 / 0
② 77 / 4)310 / 28 / 30 / 28 / 2
③ 54 / 7)378 / 35 / 28 / 28 / 0
④ 87 / 8)702 / 64 / 62 / 56 / 6

⑤ 82 / 6)494 / 48 / 14 / 12 / 2

右ページ

てびき ② 筆算のとちゅうで、ひいて0になるときは、その0は書かずにとなりの数をおろして計算を進めます。

14 ページ 練習のワーク

❶ ① 15 / 5)79 / 5 / 29 / 25 / 4
② 31 / 3)95 / 9 / 5 / 3 / 2
③ 20 / 3)61 / 6 / 1
④ 133 / 7)932 / 7 / 23 / 21 / 22 / 21 / 1

⑤ 41 / 6)248 / 24 / 8 / 6 / 2
⑥ 205 / 4)820 / 8 / 20 / 20 / 0

❷ ① 129 あまり 6　たしかめ 7×129+6=909
② 98 あまり 3　たしかめ 4×98+3=395

❸ 式 144÷3=48　答え 48 人

❹ ① 24　② 26　③ 49
④ 18　⑤ 16　⑥ 45

てびき
❹ ① 48÷2=(40÷2)+(8÷2)
　　　=20+4=24
③ 98÷2=(80÷2)+(18÷2)
　　　=40+9=49

15 ページ まとめのテスト

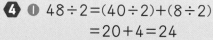

❶ ① 22　② 13 あまり 2
③ 95　④ 200 あまり 1
⑤ 147 あまり 4　⑥ 40 あまり 7

❷ 答え 218 あまり 3
たしかめ 4×218+3=875

218 / 4)875 / 8 / 7 / 4 / 35 / 32 / 3

❸ 式 153÷9=17　答え 17 本

❹ 式 97÷4=24 あまり 1
答え 24 ふくろできて、1 こあまる。

❺ 式 113÷5=22 あまり 3
(22+1=23)　答え 23 台

てびき
❶ ① 22 / 3)66 / 6 / 6 / 6 / 0
② 13 / 7)93 / 7 / 23 / 21 / 2
③ 95 / 7)665 / 63 / 35 / 35 / 0

④ 200 / 2)401 / 4 / 1
⑤ 147 / 5)739 / 5 / 23 / 20 / 39 / 35 / 4
⑥ 40 / 9)367 / 36 / 7

❺ 答えは、あまりの3人がすわる長いすの分を1台ふやします。

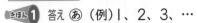

わり算のたしかめは、
わる数×商＋あまり＝わられる数 でします。

16・17 ページ 学びのワーク

きほん1 答え あ （例）1、2、3、…
　　　い 小さ
　　　う 大き
　　　え 2

❶ お ひく
　か おろす
　き （例）1、2、3、…
　く 小さ
　け 大き
　こ 3
　さ 23 あまり 3

てびき ❶ わられる数の一の位をおろすと、わられる数は 15 になります。2 と見当をつけると、4×2＝8、15−8＝7で4より小さくなりません。
3 と見当をつけると、4×3＝12、15−12＝3 で 4 より小さくなります。

③ 角の大きさを調べよう

18・19 ページ きほんのワーク

きほん1 2、4、4　　　　　　　　　　答え い
❶ あ、え
きほん2 分度器　　　　　　　　　　　　答え 60
❷ ❶ 75°　　❷ 140°　　❸ 25°
きほん3 125、55　　　　　　　　　　答え 55
❸ 55°
きほん4 答え あ 45　　い 180　　う 60
　　　え 30　　お 120
❹ あ 150°　　い 135°　　う 105°
　え 150°　　お 90°　　か 15°

てびき ❹ あ 90°＋60°　い 180°−45°
う 45°＋60°　え 180°−30°　か 45°−30°

20・21 ページ きほんのワーク

きほん1 50、50、230
　　　　130、130、230　　　　答え 230
❶ ❶ 200°　　❷ 300°　　❸ 345°
　❹ 215°　　❺ 325°

きほん2 答え
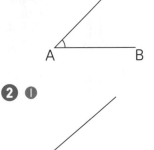
A　　　　　B

❷ ❶

　　　　❷

　　　　❸

きほん3 60
　答え 60

❸
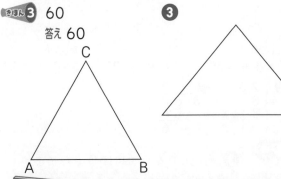
C
A　　　　B

てびき ❶ ❶ 180°＋20°＝200°
　または　360°−160°＝200°
　❷ 360°−60°＝300°
　❸ 360°−15°＝345°
　❹ 180°＋35°＝215°
　または　360°−145°＝215°
　❺ 360°−35°＝325°

😊 たしかめよう！
180°より大きい角のはかり方
分度器ではかれる角の大きさを、180°にたしたり、
360°からひいたりして考えます。

22 ページ 練習のワーク

❶ ❶ 1　　　　❷ 270
　❸ 360、4　　❹ 180、2
❷ あ 140°　　い 40°　　う 140°
❸ ❶ 55°　　❷ 295°
❹
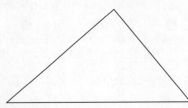

てびき ❸ ❷ 180°より大きい角度だから、180°と残りの部分に分けたり、360°から小

さいほうの角度をひいたりして、求めます。
180°+115°=295°
または 360°-65°=295°

まとめのテスト

1 ❶ 50°　　❷ 350°　　❸ 220°
2 ❶ 　　❷

3 あ 75°　　い 120°
4

てびき
1 ❷ 360°-10°=350°
❸ 360°-140°=220°
3 あ 45°+30°=75°
い 30°+90°=120°

4 大きな数のしくみを調べよう

きほんのワーク

きほん1 一億、一、千
答え 一億二千六百五十三万三千四百六
1 ❶ 四億三千百八十一万五千五百七十六
❷ 八千二百六十五億四千三百万七千
❸ 二千五億七百二十万九
2 ❶ 327090526
❷ 815004123300
❸ 970000000
❹ 52203650000
❺ 136008000000
きほん2 千億、一兆、75、3084
答え 七十五兆三千八十四億
3 ❶ 六十四兆千三百億五百二十万
❷ 百五十四兆二千三百八十億六十万二千二百
4 ❶ 5863000000000
❷ 123039000000000
❸ 8130000000000
❹ 2600000020000000
❺ 5000200040000
5 ㋐ 30億(3000000000)
㋑ 140億(14000000000)
㋒ 1兆5000億(1500000000000)

㋓ 2兆1000億(2100000000000)

てびき ❶～❹ 右から4けたごとに区切ると、読んだり、書いたりしやすくなります。
❺ 1目もりがいくつを表すか考えます。上の数直線は10億、下の数直線は1000億を表しています。

きほんのワーク

きほん1 答え 4、6000、460
1 ❶ 7兆3000億　　❷ 5兆
❸ 4000億　　❹ 2兆6300億
2 ❶ 10倍　　❷ 100倍　　❸ 1000倍
3 ❶ 4兆　　❷ 1500兆　　❸ 8000億
きほん2 答え 987654321000
100023456789
4 ❶ 2987654310　　❷ 3012456789
5 3331322221110000
6 和 87677777777777777
差 67653310886664243

てびき ❶ 10倍したり、$\frac{1}{10}$にしたときの位の変わり方に注意しましょう。
❹ ❶ 30億より小さい整数なので、十億の位の数字は2、一億の位の数字は9になります。
❷ 30億より大きい整数なので、十億の位の数字は3、一億の位の数字は0になります。
❺ 16けたの整数をつくるので、一番大きい位は千兆の位です。
❻ 2番目に大きい数は
7766554433221010
2番目に小さい数は
1001223344556767

たしかめよう！
3 10をかけるのは10倍することです。10でわるのは$\frac{1}{10}$にすることです。

きほんのワーク

きほん1 5、2　　　答え 81026
1 ❶
```
  216
×445
 1080
 864
 864
96120
```
❷
```
  538
×126
 3228
1076
 538
67788
```
❸
```
   427
 ×364
 1708
2562
1281
155428
```
```
    319
  ×254
  1276
 1595
 638
 81026
```
4 90860
5 181908
6 217998

❷ 式 275×154=42350　　　　答え 42350円

❸ ①
```
   378
 ×209
  3402
  756
 79002
```
②
```
   607
 ×305
  3035
 1821
185135
```

きほん2 100、10、1000、
1998000
答え 1998000

```
  3700
 ×540
  148
 185
1998000
```

❹ ① 377600　　② 988800
③ 73500　　④ 74880000
⑤ 17920000

てびき
❶ 筆算は次のようになります。
④
```
  3245
 ×  28
 25960
 6490
 90860
```
⑤
```
  2934
 ×  62
  5868
 17604
181908
```
⑥
```
  4037
 ×  54
 16148
 20185
217998
```

❷
```
   275
 ×154
  1100
 1375
275
42350
```

❹③ 300×245=245×300
=245×3×100

④ 7800×9600=78×96×10000

⑤ 56000×320=56×32×10000

①
```
    472
 ×  800
 377600
```
③
```
    245
 ×  300
  73500
```
④
```
   7800
 ×9600
    468
   702
74880000
```
⑤
```
  56000
 × 320
   112
  168
17920000
```

30ページ 練習のワーク

❶ ① 6兆　　② 2兆8060億
③ 3兆6000億　　④ 1000
⑤ 1230
❷ ① 二千六十八億五千九十万八千
② 七兆二百九億九千五百万四千七百
❸ 100011333666777
❹ ① 110772　　② 165624
❺ ① 453600　　② 4050000

てびき
❶ ⑤ 次のように考えます。
1230000000=1230×1000000
❸ 0、0、0、1、1、1、3、3、3、6、6、6、7、7、7の15この数字を使って数をつくります。15けたの数の一番大きい位は百兆で、ここに0を使うことはできません。

❹ ①
```
   724
 ×153
  2172
 3620
 724
110772
```
②
```
   206
 ×804
  824
1648
165624
```

❺ ① 63×72
の100倍
② 45×9の
10000倍
```
   63
 ×72
  126
 441
4536
```
```
  45
 × 9
 405
```

31ページ まとめのテスト

1 ① 500億　　② 9500億
③ 1兆1500億
2 ① 1000倍　　② 10000倍
③ 100000倍
3 ① 200570500000
② 804000000
③ 2000500080000
④ 108000000000000
⑤ 34094000000000
4 ① 443394　　② 39610
③ 567014　　④ 120600

てびき
2 ① 位が3つ上がっているので、10×10×10=1000(倍)になっています。
② 位が4つ上がっています。
③ 位が5つ上がっています。
4 ①
```
    483
 ×918
  3864
 483
4347
443394
```
②
```
  1165
 ×  34
  4660
 3495
39610
```
③
```
   707
 ×802
  1414
 5656
567014
```
④
```
    67
 ×1800
   536
  67
120600
```

⑤ 計算の順じょを調べよう

32・33ページ きほんのワーク

きほん1 150、120、150、120、230　　答え 230
❶ 式 1000-(250+180)=570　　答え 570円
きほん2 50+150、600　　答え 600
❷ 式 (120+25)×6=870　　答え 870円
きほん3 32、7、39　　答え 39
❸ ① 28　　② 3　　③ 99　　④ 46
⑤ 32　　⑥ 8
きほん4 22、176、272、96、176　　答え =
❹ ① 920　　② 3700

③ 118   ④ 7300

てびき ❶（　）の中を先に計算するので、
1000−(250+180)＝1000−430
　　　　　　　　　＝570
❷（120+25)×6＝145×6＝870
❸ かけ算やわり算は、たし算やひき算より先に計算します。
④ かけ算とわり算をそれぞれ先に計算してからひき算をします。
⑤（　）の中を先に計算してからかけ算をします。
⑥（　）の中を先に計算してから、左から順にかけ算、わり算の計算をします。
❹ ① 7×92+3×92＝(7+3)×92
　　　　　　　　　　＝10×92
　　　　　　　　　　＝920
④ 73×4×25＝73×(4×25)
　　　　　　　　　　＝73×100
　　　　　　　　　　＝7300

34ページ 練習のワーク❶

❶ ① 145　　② 520　　③ 84
　④ 492　　⑤ 210　　⑥ 31
❷ ① 9、630、6930
　② 100、7000、70、6930
❸ ① 式…⑤　　代金…185円
　② 式…⑥　　代金…425円
　③ 式…⑩　　代金…325円

てびき ❶ ① 400−(300−45)
＝400−255＝145
② 360+(240−80)＝360+160＝520
③ 4+16×5＝4+80＝84
④ 500−200÷25＝500−8＝492
⑤ 52×3+18×3＝(52+70)×3
＝70×3＝210
⑥ 71−48÷6×5＝71−8×5
＝71−40＝31
❸ ① 便せん5まいとふうとう1まいを買うから、25×5+60＝125+60＝185
② 便せん1まいとふうとう1まいのセットを5セット買うから、
(25+60)×5＝85×5＝425
③ 便せん1まいとふうとう5まいを買うから、
25+60×5＝25+300＝325

35ページ 練習のワーク❷

❶ 式 500−32×15＝20　　答え 20cm
❷ ① 24−18÷6＝24−3＝21
　② 56÷(8−1)＝56÷7＝8
❸ ① 4950、⑥　　② 3000、⑤
　③ 720、⑦　　④ 870、⑥
　⑤ 930、⑥

てびき ❸ ① 198×25＝(200−2)×25
＝200×25−2×25＝5000−50＝4950
② 3×8×125＝3×1000＝3000
③ 72×2×5＝72×10＝720
④ 2×87+8×87＝(2+8)×87
＝10×87＝870
⑤ 93×4.6+93×5.4＝93×(4.6+5.4)
＝93×10＝930

36ページ まとめのテスト❶

❶ ① 47　② 63　③ 83　④ 38
　⑤ 60　⑥ 40　⑦ 48　⑧ 162
　⑨ 46　⑩ 55
❷ ① −　② ＋、÷
❸ 式 (550+170)÷3＝240　　答え 240円
❹ 式 600÷2+110×5＝850　　答え 850円

てびき ❸ ケーキとチョコレートの代金を、（　）を使って1つにまとめた式をつくります。
❹ えん筆は半ダースだから、ねだんは1ダースの半分になります。
600÷2+110×5＝300+550＝850

たしかめよう！
❹ 1ダースは12本だから、半ダースは6本になります。えん筆1本のねだんを求めてから、えん筆半ダースのねだんを求めることもできます。
600÷12＝50　50×6＝300だから、えん筆半ダースのねだんは300円です。

37ページ まとめのテスト❷

❶ ① 9　② 23　③ 35　④ 21
❷ −
❸ ① 33　　　　② 5200
　③ 594　　　④ 9900
❹ 式 230+70×4＝510　　答え 510円
❺ 式 200−(148−3)＝55　　答え 55円
❻ (例)りんごとなしが、どちらも1こ120円で売られています。りんご3こと、なし5こを買うと、

7

全部の代金はいくらになりますか。

てびき ② 6×(5−2)□3＝6×3□3で、
これが15になるので、□に−を入れて
18−3＝15

3 ③ 6×99＝6×(100−1)
　　　　＝6×100−6×1
　　　　＝600−6＝594
④ 99×73＋99×27＝99×(73＋27)
　　　　　　　　＝99×100＝9900

4 かけ算を先に計算するので、
230＋70×4＝230＋280＝510

6 直線の交わり方やならび方、四角形について調べよう

38・39ページ きほんのワーク

きほん1 垂直　　　　　　　　　　答え ⑤

① 直線 え、直線 か、直線 く

きほん2 答え

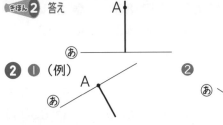

② ① (例)　　　　　②

きほん3 平行、あ、う、平行　　　答え あ、う

③ 垂直に交わっている。

④ 直線 う と直線 お

⑤ ① ×　　　② ○

てびき ① 直線 く をのばすと、直線 あ と交わっ
てできる角は直角になるので、直線 あ に垂直な
直線です。

たしかめよう!

2本の平行な直線の間にひいた垂直な直線の長さをは
ばといい、2本の平行な直線のはばは、どこでも等し
くなっています。また、2本の平行な直線は、どこま
でのばしても交わりません。

40・41ページ きほんのワーク

きほん1 45、45、135、135　　答え 45、135

① カ…74°　キ…74°　ク…106°

きほん2 答え

　　　　A

　あ ────

② ①

きほん3 台形、平行四辺形　　　答え あ、お、え、か

③ ① 辺ADと辺BC　　② いえない。

④ ① 9cm　　　② 110°

てびき ① 直線 あ と い は平行なので、カの角度
は74°です。
クの角度は、180°−74°＝106°です。
キの角度は、180°−106°＝74°です。

④ ① 平行四辺形の向かい合った辺の長さは等
しくなっているので、辺ADの長さは、辺BC
の長さと等しくなります。
② 平行四辺形の向かい合った角の大きさは等
しくなっているので、角Aの大きさは、角Cの
大きさと等しくなります。

42・43ページ きほんのワーク

きほん1 答え

①

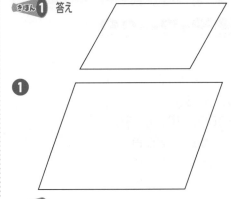

きほん2 ひし形、辺、角　　　答え AD、D

②

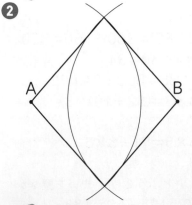

きほん3 対角線　　　答え 正方形、ひし形、長方形

③ ① ○　　② ×　　③ ○　　④ ×

てびき ② 点Aと点Bからそれぞれコンパスで
等しい半径の円をかいて、交わった点を結ぶと、
辺の長さがすべて等しい四角形をかくことがで
きます。

③ ② 長方形の対角線が交わってできる4つの

角のうち大きさが等しいのは、向かい合った2組の角だけです。

④ 対角線が交わった点から、4つの頂点までの長さがすべて等しい四角形には、正方形と長方形があります。

44 ページ 練習のワーク

❶ ❶ 90　　　❷ 垂直　　　❸ 平行

❷

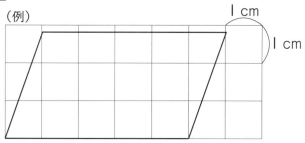

（例）

❸ ❶ 平行　　　　❷ 平行、180
❸ 等しい　　　　❹ 対角線

 てびき
❷ 向かい合った2組の辺はそれぞれ平行になります。
❸ それぞれの四角形の辺の長さや角の大きさの特ちょうをきちんと覚えましょう。

45 ページ まとめのテスト

1 ❶ 60°
❷ 120°
2 直線⑤と直線⑥、直線⑥と直線⑥
3 ❶ あ、い、え、お
❷ あ、お
❸ あ、お
❹ あ、い
4 ❶

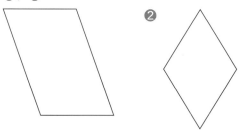
❷

 てびき
2 直線あに直線⑤と⑥は90°で、直線⑥と⑥は70°で交わっているので、それぞれ平行です。
3 ❶ 台形は向かい合った辺が1組だけ平行です。
❷ 長方形、台形、平行四辺形は4つの辺の長さが等しくはありません。

☝ たしかめよう！
1 平行な直線は、他の直線と等しい角度で交わります。
2 ある直線に等しい角度で交わる2本の直線は平行になります。

7 およその数を調べよう

46・47 ページ きほんのワーク

きほん1 20000、30000　　　　　　答え 2、3
❶ ❶ ⑦ 4万　　　⑤ 5万
❷ ⑦ 約4万　　⑥ 約4万　　⑦ 約5万
⑤ 約5万　　⑥ 約5万
きほん2 四捨五入、6、3　　答え 284000、280000
❷ ❶ 千の位
❷ 東市…約18万人　　西市…約6万人
南市…約13万人　　北市…約9万人
❸ ❶ 60000　　　　❷ 45000
❸ 20000　　　　❹ 25000
❹ ❶ 700000　　　❷ 300000
❸ 30000　　　　❹ 900000

てびき
❶ ❷ 41500、43920などは4万に近い数で、45550、47260、48700などは5万に近い数です。
❷ ❷ 一万の位の1つ下の千の位の数字を四捨五入します。
❸ ❶ 一万の位までのがい数にするので、千の位の数字4を四捨五入します。
❷ 千の位までのがい数にするので、百の位の数字0を四捨五入します。
❸ 一万の位までのがい数にするので、千の位の数字5を四捨五入します。
❹ 千の位までのがい数にするので、百の位の数字9を四捨五入します。

☝ たしかめよう！
・（　）の中の位までのがい数にするときは、（　）の中の位の1つ下の位の数字を四捨五入します。
・上から1けたのがい数にするときは、上から2けた目の位の数字を四捨五入します。

48・49 ページ きほんのワーク

きほん1 205、214　答え 205、214

1 2750 以上 2850 未満

2 17150 以上 17249 以下

3 7500 以上 8499 以下

きほん2 40000、40000、20000、40000、
40000、20000、100000　答え 10

4 和…920000(92 万)
差…320000(32 万)

5 約 21000 人(2 万千人)

6 約 50000 円(5 万円)

てびき 4 2 つの数を、それぞれ一万の位までのがい数にしてから、和や差を求めます。
296531 → 300000
623849 → 620000

50・51 ページ きほんのワーク

きほん1 200、200、80000　答え 80000

1 約 60kg

きほん2 3000、3000、5、600　答え 600

2 約 150 ふくろ

きほん3 300、100、100、700
200、100、500
300、100、500
答え 700、足りる、なる

3 足りる

4 買える

てびき 1 上から 1 けたのがい数にして、積を見積もります。300×200=60000
60000g=60kg
2 上から 1 けたのがい数にして、商を見積もります。900÷6=150
3 多めに考えて、1000 円をこえなければよいので、切り上げて計算します。
200+300+100+400=1000 より、1000 円で足ります。
4 少なめに考えて、1000 円をこえていればよいので、切り捨てて計算します。
400+300+300=1000 より、1000 円の本が買えます。

52 ページ 練習のワーク

1 ㋑、㋒

2 ❶ 17000　❷ 360000
❸ 760000　❹ 800000

3 一番大きい数…7149
一番小さい数…7050

4 ❶ 9000　❷ 12000
❸ 1200000　❹ 18000

てびき 2 ❶ 千の位までのがい数にするので、百の位の数字 4 を四捨五入します。
❷ 千の位までのがい数にするので、百の位の数字 6 を四捨五入します。
❸ 一万の位までのがい数にするので、千の位の数字 6 を四捨五入します。
❹ 十万の位までのがい数にするので、一万の位の数字 2 を四捨五入します。
3 十の位の数字が 0～4 のときは切り捨てるので、一番大きい数の百の位は 1、十の位は 4 です。十の位の数字が 5～9 のときは切り上げるので、一番小さい数の百の位は 0、十の位は 5 です。
4 ❶ 2 つの数を、それぞれ千の位までのがい数にしてから、和を求めます。
3861 → 4000、5123 → 5000
❷ 2 つの数を、それぞれ千の位までのがい数にして、差を求めます。
20848 → 21000、8843 → 9000
❸ 上から 1 けたのがい数にして、積を見積もります。
42580 → 40000、28 → 30
❹ 上から 1 けたのがい数にして、商を見積もります。
89745 → 90000

たしかめよう!

1 がい数で表してよいのは、
・くわしい数がわかっていても、目的におうじて、およその数で表せばよいとき
・グラフ用紙の目もりの関係で、くわしい数をそのまま使えないとき
・ある時点の人口など、くわしい数をつきとめるのがむずかしいとき
などです。

53 ページ まとめのテスト

1 206000

2 350 以上
449 以下

3 約 5200m

4 約 2100 円

5 足りる

てびき 2 十の位の数字を四捨五入していることに注目しましょう。

3 百の位までのがい数にして、歩いた道のりを見積もるので、
1000+1200+900+900+700+500
=5200 より、約 5200m です。

4 上から 1 けたのがい数にするから、
70×30=2100 より、約 2100 円になります。

5 多めに考えて、1800 円をこえなければよいので、切り上げて計算します。
500+600+700=1800 より、1800 円で足ります。

8 2けたの数のわり算のしかたを考えよう

54・55 ページ きほんのワーク

きほん1 ÷、20、4   答え 4

① ①5 ②4 ③3
④4 ⑤7 ⑥9

きほん2 4、4、20   答え 4 あまり 20

② ①3 あまり 40   ②9 あまり 20
③8 あまり 10

③ ①5 あまり 10   たしかめ 20×5+10=110
②4 あまり 30   たしかめ 60×4+30=270
③5 あまり 10   たしかめ 70×5+10=360
④7 あまり 30   たしかめ 60×7+30=450
⑤9 あまり 40   たしかめ 90×9+40=850
⑥8 あまり 60   たしかめ 80×8+60=700

きほん3 ÷、22
4➡8、8➡5
4、5   答え 4、5

④ ① 6 / 11)66 / 66 / 0   ② 4 / 23)92 / 92 / 0   ③ 2 / 43)90 / 86 / 4   ④ 2 / 37)75 / 74 / 1

てびき 4 ①11 を 10 とみて商の見当をつけます。
③43 を 40 とみて商の見当をつけます。

56・57 ページ きほんのワーク

きほん1 9、2、1、6   答え 3 あまり 16

① ① 5 / 12)69 / 60 / 9   ② 2 / 32)93 / 64 / 29   ③ 3 / 24)85 / 72 / 13   ④ 6 / 13)81 / 78 / 3

きほん2 2、2、4   答え 4 あまり 5

② ① 4 / 18)74 / 72 / 2   ② 5 / 19)96 / 95 / 1   ③ 3 / 26)79 / 78 / 1   ④ 3 / 27)87 / 81 / 6

きほん3 ÷、48、50
7➡3、3、6、2、4
7、24   答え 7、24

③ ① 7 / 37)280 / 259 / 21   ② 8 / 43)363 / 344 / 19   ③ 6 / 19)123 / 114 / 9

きほん4 1、1、2➡4、2、0   答え 14 あまり 20

④ ① 34 / 29)990 / 87 / 120 / 116 / 4   ② 21 / 38)825 / 76 / 65 / 38 / 27   ③ 18 / 42)796 / 42 / 376 / 336 / 40

てびき 1 ①わる数の 12 を 10 とみて商を 6 と見当をつけ、大きすぎるので、6→5 と小さくしていきます。
②わる数の 32 を 30 とみて商を 3 と見当をつけ、大きすぎるので、3→2 と小さくしていきます。
③わる数の 24 を 20 とみて商を 4 と見当をつけ、大きすぎるので、4→3 と小さくしていきます。
④わる数の 13 を 10 とみると商が 8 と見当がつきますが、13×8=104 となって 81 より大きくなるので、商を 8→7→6 と小さくしていきます。

2 ①わる数の 18 を 20 とみると商が 3 と見当がつきますが、18×3=54 より、あまりがわる数より大きくなり、商が小さすぎるので、3→4 と大きくしていきます。
②わる数の 19 を 20 とみて商を 4 と見当をつけ、小さすぎるので、4→5 と大きくしていきます。
③わる数の 26 を 30 とみて商を 2 と見当をつけ、小さすぎるので、2→3 と大きくしていきます。
④わる数の 27 を 30 とみて商を 2 と見当をつけ、小さすぎるので、2→3 と大きくしていきます。

58・59 ページ きほんのワーク

きほん1 1➡0、4、7➡4、7   答え 10 あまり 47

① ① 60 / 13)791 / 78 / 11   ② 30 / 23)712 / 69 / 22   ③ 50 / 17)865 / 85 / 15

きほん2 2、4 ➡ 1、9 ➡ 3、1　　　答え 213 あまり 1

❷ ①
```
        294
  28)8250
     56
     265
     252
      130
      112
       18
```
②
```
         632
   15)9480
      90
       48
       45
        30
        30
         0
```
③
```
         78
  49)3822
     343
      392
      392
        0
```

きほん3 832、185、800、800、1000、1000、
　　　　4　　　　　　　　　　答え 4、92

❸ ①
```
         3
  273)920
     819
     101
```
②
```
         3
  189)648
     567
      81
```
③
```
         5
  143)775
     715
      60
```

④
```
          27
  297)8193
     594
     2253
     2079
      174
```
⑤
```
         31
  317)9999
     951
      489
      317
      172
```
⑥
```
          52
  152)7968
     760
      368
      304
       64
```

👉 **たしかめよう！**
わられる数が4けたの筆算も、3けたの筆算と同じ
ように計算します。

60・61 ページ きほんのワーク

きほん1 18、3　　　　　　　　答え 3

❶ ① 5　　② 40　　③ 5　　④ 16

きほん2 0　　　　　　　　答え 4 あまり 400

❷ ① 12 あまり 300　　② 16 あまり 200
　③ 27 あまり 100　　④ 18 あまり 400
　⑤ 39 あまり 1000　　⑥ 19 あまり 2000

きほん3 わり、÷、7　　　　　　答え 7

❸ 式 65×13＝845

　　　答え 図…あ　テープ…845cm

👉 **てびき**

❶ ① $3500 \div 700 = 35 \div 7 = 5$
　③ $80 \div 16 = 10 \div 2 = 5$
　④ $400 \div 25 = 1600 \div 100 = 16$

❷ ①
```
           12
  600)7500
      6
      15
      12
       3
```
②
```
           16
  400)6600
      4
      26
      24
       2
```

⑥
```
            19
  3000)59000
       3
       29
       27
        2
```

👉 **たしかめよう！**
わり算では、わられる数とわる数に同じ数をかけて
も、わられる数とわる数を同じ数でわっても、商は変
わらないというきまりを利用すると、計算をかんたん
にすることができます。

62 ページ 練習のワーク

❶ ① 11　　　　　② 12 あまり 10
❷ ① 3　　　　　② 2 あまり 23
　③ 8 あまり 9　　④ 20 あまり 10
　⑤ 13　　　　　⑥ 19 あまり 42
❸ ① 6 あまり 119　　② 3
　③ 4　　　　　④ 2 あまり 127
❹ 式 485÷23＝21 あまり 2
　　　答え 21 まいになって、2 まいあまる。
❺ ① 6　　　　② 12

👉 **てびき**

❶ ② あまりの大きさに注意します。

❷ ①
```
        3
  19)57
     57
      0
```
②
```
        2
  24)71
     48
     23
```
③
```
         8
  18)153
     144
       9
```
④
```
         20
  33)670
     66
      10
```
⑤
```
         13
  25)325
     25
      75
      75
       0
```
⑥
```
         19
  47)935
     47
     465
     423
      42
```

❸ ①
```
          6
  129)893
     774
     119
```
②
```
          3
  323)969
     969
       0
```
③
```
          4
  205)820
     820
       0
```
④
```
          2
  416)959
     832
     127
```

❺ ① $540 \div 90 = 54 \div 9 = 6$
　② $6000 \div 500 = 60 \div 5 = 12$

63 ページ まとめのテスト

1 ① 3 あまり 8
　② 5 あまり 15
　③ 41 あまり 3
　④ 50
　⑤ 62
　⑥ 241 あまり 7
2 式 25×5＋5＝130
　130÷30＝4 あまり 10　　答え 4 あまり 10
3 式 255÷36＝7 あまり 3
　　　答え 7 まいになって、3 まいあまる。
4 式 672÷12＝56　　　　　答え 56 束
5 式 8846÷28＝315 あまり 26
　　　答え 315cm になって、26cm あまる。

👉 **てびき**

1 ①
```
         3
  16)56
     48
      8
```
②
```
          5
  46)245
     230
      15
```
③
```
          41
  21)864
     84
      24
      21
       3
```

$$
\begin{array}{r}
50 \\
70\overline{)3500} \\
35 \\
\hline
0 \\
\end{array}
\qquad ⑤
\begin{array}{r}
62 \\
42\overline{)2604} \\
252 \\
\hline
84 \\
84 \\
\hline
0 \\
\end{array}
\qquad ⑥
\begin{array}{r}
241 \\
29\overline{)6996} \\
58 \\
\hline
119 \\
116 \\
\hline
36 \\
29 \\
\hline
7 \\
\end{array}
$$

2 ある数は、（わる数）×（商）＋（あまり）の式に
あてはめて求めます。

👆 **たしかめよう!**

わり算をしたら、たしかめをするようにしましょう。

9 2つの量の変わり方を調べよう

64・65 ページ きほんのワーク

きほん1 8、8　　　　　　　　　　　答え 8

❶
たかしさん（さい）	10	11	12	13
弟　　　　　（さい）	6	7	8	9

○−4＝△
または、△＋4＝○　　　　○−△＝4

きほん2 4、4、4、4、60　　　　　　答え 60

❷ ❶
おかしの数（こ）	1	2	3	4
代金　　　（円）	60	120	180	240

❷ 720 円

❸ 15 こ

きほん3 答え

(cm) 水の深さの変わり方
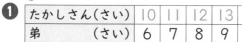

❸ ❶ (g)全体の重さの変わり方
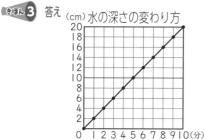

❷ 950ｇ

てびき **❶** 表から、関係を読み取りましょう。
表をたての方向に見て、たかしさんの年れいか
ら弟の年れいをひくと、4になります。
❸ 水のかさが1dL ふえるごとに、全体の重さは
100ｇずつふえています。
❷ 表の続きを考えて、
7dL のとき 750＋100＝850 より、850ｇ

8dL のとき 850＋100＝950 より、950ｇ
となります。

👆 **たしかめよう!**

❷ （1このねだん）×（こ数）＝（代金）

66 ページ 練習のワーク

❶ ❶
だんの数　（だん）	1	2	3	4	5
まわりの長さ(cm)	3	6	9	12	15

❷ ○×3＝△

❸ 式 25×3＝75　　　　　　　答え 75cm

❹ 式 84÷3＝28　　　　　　　答え 28 だん

❺ 式 100÷3＝33 あまり 1
33＋1＝34　　　　　　　答え 34 だん

てびき **❶** ❷ （だんの数）×3＝（まわりの長さ）
❸ ❷の○を 25 として、まわりの長さを求め
ます。
❺ 100÷3＝33 あまり 1 だから、
33 だんのとき、まわりの長さは 33×3＝99
より、99cm で、
34 だんのとき、34×3＝102 より、
102cm となり、はじめて 100cm（1m）をこ
えます。
33 だんでは 1m＝100cm をこえないので、
1 をたした数が答えになります。

67 ページ まとめのテスト

1 ❶
右手に持った数（こ）	0	1	2
左手に持った数（こ）	10	9	8

3	4	5	6	7	8	9	10
7	6	5	4	3	2	1	0

❷ ○＋△＝10
または、10−○＝△　　　10−△＝○

2 ❶
たての長さ(cm)	1	2	3	4
横の長さ　(cm)	4	5	6	7

5	6	7
8	9	10

❷ ○＋3＝△
または、△−3＝○　　　△−○＝3

3 ❶
買う数（こ）	1	2	3	4	5
代金　（円）	100	200	300	400	500

❷ 100×○＝△

1 右手と左手のおはじきのこ数を合わせると、いつでも 10 こになります。
② (右手に持ったこ数)＋(左手に持ったこ数)＝10

2 たての長さに 3cm たすと、横の長さになります。
② (たての長さ)＋3＝(横の長さ)

⑩ 倍の計算を考えよう

68・69ページ きほんのワーク

きほん1 8、960　　　　　答え 960

❶ 式 36÷4＝9　　　　答え 9倍

❷ 式 8×6＝48　　　　答え 48さい

❸ 式 84÷7＝12　　　　答え 12ページ

きほん2 60、60、3、120、60、2、2、3、2、
赤い　　　　　　　　答え 赤い

❹ りんご

てびき

❹ りんごともものもとのねだんを、それぞれ 1 とみて図に表すと、次のようになります。

りんご
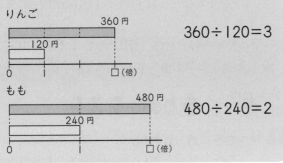
360÷120＝3

もも
480÷240＝2

70ページ 練習のワーク

❶ 式 54÷9＝6　　　　答え 6倍

❷ 式 19×4＝76　　　　答え 76こ

❸ 式 54÷3＝18　　　　答え 18まい

❹ ゴム○い

てびき

❹ ゴム○あとゴム○いのもとの長さを、それぞれ 1 とみて図に表すと、次のようになります。

ゴム○あ
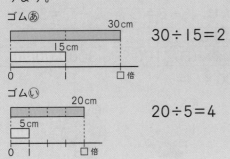
30÷15＝2

ゴム○い
20÷5＝4

71ページ まとめのテスト

❶ 式 96÷8＝12　　　　答え 12倍

❷ 式 13×6＝78　　　　答え 78円

❸ 式 595÷5＝119　　　答え 119円

❹ ゴムB

❺ 店A

てびき

❹ ゴムAとゴムBのもとの長さを、それぞれ 1 とみて図に表すと、次のようになります。

ゴム A
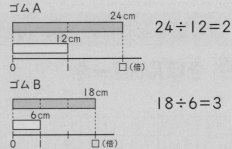
24÷12＝2

ゴム B
18÷6＝3

❺ 店Aと店Bのきゅうりの値上がり前のねだんを、それぞれ 1 とみて図に表すと、次のようになります。

店 A
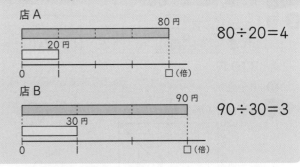
80÷20＝4

店 B
90÷30＝3

● 算数たまてばこ

72・73ページ 学びのワーク

きほん1 かけ、×、550　　　答え 550

❶ 式 14×70＝980
答え 数直線図…あ　　重さ…980g

❷ ❶ 式 70÷14＝5
答え 数直線図…え　　重さ…5g

❷ 式 70÷14＝5
答え 数直線図…う　　ふくろ…5ふくろ

きほん2 わり、÷、5　　　　答え 5

❸ 式 60×12＝720　　　答え 720cm

⑪ 小数のしくみを調べよう

74・75ページ きほんのワーク

きほん1 4、0.4、3、0.03、1.43　答え 1.43

❶ **❶**

❷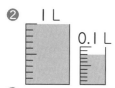

きほん2 0.02、0.006、3.426 　　　　答え 3.426

❷ **❶** 1.403km 　　**❷** 1.782kg

きほん3 6、3、7、5 　　　　　答え 6、3、7、5

❸ **❶** 0.074 　　**❷** 0.927

❹ 2.11、2.1、2.09

きほん4 1、1 　　　　　　答え 48、0.28

❺ **❶** 319 　　**❷** 0.31

てびき **❷** **❶** 1000m＝1km なので、
100m＝0.1km、10m＝0.01km、
1m＝0.001km です。
1km403m は 1000m と 400m と 3m を合わせた長さだから、1.403km です。

❸ **❶** 0.01 が 7 こで 0.07、0.001 が 4 こで 0.004 になるので、合わせて 0.074 です。

❷ 0.001 が 900 こで 0.9、20 こで 0.02、7 こで 0.007 になります。

❺ **❶** 100 倍すると、位が 2 つ上がるので、319 になります。

❷ $\frac{1}{100}$ にすると、位が 2 つ下がるので、十の位の 3 の左に 0 を 1 つ書いて、小数点をうちます。

たしかめよう!

小数は、10 倍すると位が 1 つ上がり、100 倍すると位が 2 つ上がります。また、$\frac{1}{10}$ にすると位が 1 つ下がり、$\frac{1}{100}$ にすると位が 2 つ下がります。

76・77ページ きほんのワーク

きほん1 2.86
35、286、321
1.1、0.11 　　　　　答え 3.21

❶ 式 1.46＋2.61＝4.07 　　答え 4.07L

きほん2 4、2、5 　　　　　答え 4.25

❷ **❶** 8.54 　　**❷** 11.22 　　**❸** 7.01
　 ❹ 40.33 　**❺** 5.61 　　**❻** 1.082

❸ **❶** 10.202 　**❷** 10.002 　**❸** 37
　 ❹ 22.61

きほん3 0.85 1、0、6 　　　　答え 1.06

---

❹ **❶** 1.51 　　**❷** 4.99 　　**❸** 2.48
　 ❹ 0.56 　　**❺** 0.75 　　**❻** 2.47

❺ **❶** 1.91 　　**❷** 1.376 　　**❸** 2.692
　 ❹ 7.991

てびき **❸** **❸** 筆算は右のようになります。小数点以下の 0 と小数点は書かずに消すので、答えは 37 です。

$$\begin{array}{r} 0.16 \\ +36.84 \\ \hline 37.00 \end{array}$$

❶
$$\begin{array}{r} 7.302 \\ +2.9 \\ \hline 10.202 \end{array}$$
❷
$$\begin{array}{r} 6.28 \\ +3.722 \\ \hline 10.002 \end{array}$$
❹
$$\begin{array}{r} 18.579 \\ +4.031 \\ \hline 22.610 \end{array}$$

❹ **❶**
$$\begin{array}{r} 4.73 \\ -3.22 \\ \hline 1.51 \end{array}$$
❷
$$\begin{array}{r} 5.62 \\ -0.63 \\ \hline 4.99 \end{array}$$
❸
$$\begin{array}{r} 3.74 \\ -1.26 \\ \hline 2.48 \end{array}$$

❹
$$\begin{array}{r} 7.04 \\ -6.48 \\ \hline 0.56 \end{array}$$
❺
$$\begin{array}{r} 0.93 \\ -0.18 \\ \hline 0.75 \end{array}$$
❻
$$\begin{array}{r} 5.05 \\ -2.58 \\ \hline 2.47 \end{array}$$

❺ **❶** 5.2 は 5.20 と考えて、筆算では右のように位をそろえて書きます。
$$\begin{array}{r} 5.20 \\ -3.29 \\ \hline 1.91 \end{array}$$

❷
$$\begin{array}{r} 2.06 \\ -0.684 \\ \hline 1.376 \end{array}$$
❸
$$\begin{array}{r} 4.84 \\ -2.148 \\ \hline 2.692 \end{array}$$
❹
$$\begin{array}{r} 8 \\ -0.009 \\ \hline 7.991 \end{array}$$

78ページ 練習のワーク❶

❶ **❶** 0.14
　 ❷ 3.207
　 ❸ 2、5、8、9
　 ❹ 0.724

❷ **❶** ＜ 　　**❷** ＞ 　　**❸** ＞ 　　**❹** ＞

❸ **❶** 10 倍…7.5
　　$\frac{1}{10}$……0.075
　 ❷ 10 倍…329.5
　　$\frac{1}{10}$……3.295

❹ **❶** 9.01 　**❷** 2.305 　**❸** 0.7
　 ❹ 1.72

てびき **❹** **❹**は、7 を 7.00 と考えて、位をそろえて書きます。

❷
$$\begin{array}{r} 0.815 \\ +1.49 \\ \hline 2.305 \end{array}$$
❸
$$\begin{array}{r} 4.67 \\ -3.97 \\ \hline 0.70 \end{array}$$
❹
$$\begin{array}{r} 7 \\ -5.28 \\ \hline 1.72 \end{array}$$

79ページ 練習のワーク❷

❶ **❶** 1.026kg 　　**❷** 0.89km
　 ❸ 390cm 　　　**❹** 53500g

❷ **❶** 9.44 　　**❷** 3.731 　　**❸** 12.46
　 ❹ 2.51 　　**❺** 3.23 　　**❻** 0.133

❸ 式 1.32＋5.68＝7 　　　　答え 7m

❹ 式 3－1.535＝1.465 　　答え 1.465km

15

てびき ❶ ❶❹ 1000g＝1kg、100g＝0.1kg、10g＝0.01kg、1g＝0.001kg を使います。

❷❸ 1000m＝1km、100m＝0.1km、10m＝0.01km、1m＝100cm、0.1m＝10cm を使います。

❷ ❸は、8 を 8.00 と考えて、位をそろえて書きます。❺は、6.9 を 6.90 と考えて位をそろえて書きます。

❸ $\begin{array}{r} 8 \\ +4.46 \\ \hline 12.46 \end{array}$　❺ $\begin{array}{r} 6.9 \\ -3.67 \\ \hline 3.23 \end{array}$　❻ $\begin{array}{r} 6.37 \\ -6.237 \\ \hline 0.133 \end{array}$

80ページ まとめのテスト❶

1 ❶ 0.276　❷ 0.224
❸ 3、2、7、6　❹ 3276

2 ❶ 5.3　❷ 22.28　❸ 1.34
❹ 3.442

3 ❶ 式 2.58＋0.78＝3.36　答え 3.36L
❷ 式 2.58－0.78＝1.8　答え 1.8L

4 式 0.85＋2.09＝2.94　答え 2.94kg

てびき **1** ❷ 3.5－3.276＝0.224

❸ 3.276 を 3 と 0.2 と 0.07 と 0.006 を合わせた数と考えます。

❹ 0.001 が 10 こで 0.01、100 こで 0.1、1000 こで 1 になります。

2 ❶ $\begin{array}{r} 4.38 \\ +0.92 \\ \hline 5.3\not{0} \end{array}$　❷ $\begin{array}{r} 19.3 \\ +2.98 \\ \hline 22.28 \end{array}$　❹ $\begin{array}{r} 4.54 \\ -1.098 \\ \hline 3.442 \end{array}$

4 850g＝0.85kg です。

81ページ まとめのテスト❷

1 ❶ 7.43　❷ 5235
❸ 346、3.46

2 ❶ 0.392km　❷ 5280m

3 ❶ ＞　❷ ＜

4 ❶ 8.01　❷ 4.75　❸ 4.78
❹ 0.689

5 式 1.32＋8.48＝9.8　答え 9.8kg

6 式 7－0.85＝6.15
6.15－0.68＝5.47　答え 5.47m

てびき **2** 1m＝0.001km
5 1320g＝1.32kg
6 85cm＝0.85m

12 広さの表し方を考えよう

82・83ページ きほんのワーク

きほん1 面積、1 cm^2、11、11、10、1、1、12
答え ㋑

❶ ❶ 24こ　❷ 24 cm^2　❸ 25 cm^2
❹ ㋑が、1 cm^2 広い。

きほん2 15、25、15、25、375、375
18、18、18、324、324　答え 375、324

❷ ❶ 式 12×24＝288　答え 288 cm^2
❷ 式 30×30＝900　答え 900 cm^2

❸ ❶ 式 48÷6＝8　答え 8cm
❷ 式 6×6＝36　36÷4＝9　答え 9cm

てびき ❶ ❷ 1 cm^2 の正方形が 24 こならんでいます。

❸ 1 cm^2 の正方形が 25 こならんでいます。

❹ ㋐と㋑の面積は、1 cm^2 の正方形 1 こ分のちがいがあります。

❸ ❶ たての長さを□cm として、面積の公式にあてはめると、□×6＝48 となります。あとは、□にあてはまる数を求めます。

84・85ページ きほんのワーク

きほん1 6、3、5、8、8、3　答え 42

❶ ❶　❷　❸

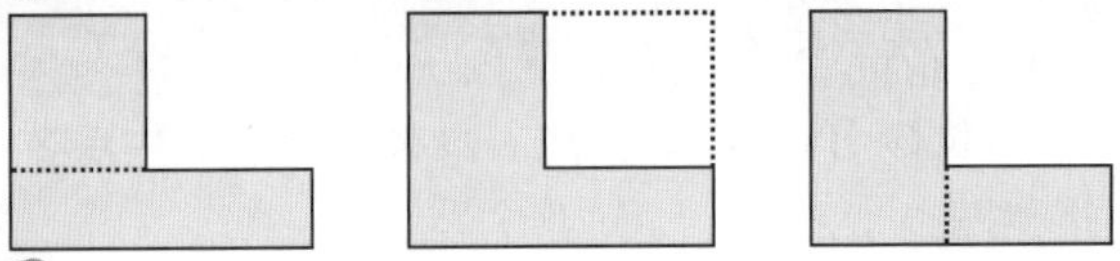

きほん2 5、4、20、20　答え 20

❷ 式 7×7＝49　答え 49 m^2

きほん3 4、6、24、24、24000000、1a、1ha、150、400、60000、60000、600、6
答え 24、60000

❸ 式 2×3＝6　答え 6 km^2、6000000 m^2

❹ 式 800×800＝640000
答え 6400a、64ha

てびき ❶ 面積は 190 cm^2 になります。

❸ 1 km^2＝1km×1km なので、1 辺が 1km＝1000m の正方形の面積をもとにして表します。1 km^2＝1000000 m^2 です。

❹ 1a＝10m×10m＝100 m^2、1ha＝100m×100m＝10000 m^2＝100a です。640000÷100＝6400(a)
6400÷100＝64(ha)

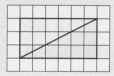

☝ **たしかめよう！**

面積の単位をきちんと覚えて、広さにあった面積の単位を使えるようにしましょう。
$1m^2=10000cm^2$　　$1a=100m^2$
$1ha=10000m^2=100a$
$1km^2=1000000m^2=10000a=100ha$

86 ページ 練習のワーク

❶ ❶ 式 $17×17=289$　　　　　　答え $289m^2$
　 ❷ 式 $3×8=24$　　　　　　　答え $24km^2$
❷ 式 $36÷9=4$　　　　　　　　答え $4cm$
❸ 式 $200×200=40000$　　答え $400a$、$4ha$
❹ 式 $(8-2)×(12-3)=54$　　答え $54cm^2$

てびき

❶ 広さにあった面積の単位を使います。
❸ $40000÷100=400(a)$、
　 $400÷100=4(ha)$です。
　 1辺が10mの正方形の面積が$1a$、
　 1辺が100mの正方形の面積が$1ha$です。
　 1辺の長さが10倍になると、面積は100倍
　 になるという関係があります。
　 $1a=100m^2$、$1ha=10000m^2$です。
❹ 色のついていない部分を
　 右のように動かすと、
　 たてが$8-2=6(cm)$、
　 横が$12-3=9(cm)$の
　 長方形ができます。

（図：9cm 3cm、6cm、2cm）

87 ページ まとめのテスト

❶ ❶ 式 $80×100=8000$　　　　答え $8000cm^2$
　 ❷ 式 $20÷4=5$　　$5×5=25$　　答え $25m^2$
　 ❸ 式 $25×12=300$　　　　　　答え $3a$
　 ❹ 式 $700×700=490000$　　答え $49ha$
❷ ❶ 式 $18×22-8×10=316$　　答え $316cm^2$
　 ❷ 式 $4×7-3×2=22$　　　　答え $22m^2$
　 ❸ 式 $13×26-6×6=302$　　答え $302m^2$
❸ 式 $3×6=18$　　$18÷2=9$　　答え $9cm^2$

てびき

❶ ❶ たてと横の長さの単位をそろえ
　 て、面積を求めます。
　 ❸ $100m^2=1a$より、$300m^2=3a$
　 ❹ $10000m^2=1ha$より、
　　 $490000m^2=49ha$
❷ ❶ 大きい長方形の面積から小さい長方形の
　 面積をひきます。また、長方形と正方形に分け
　 て考えることもできます。
　 $18×12+10×10=316$より、$316cm^2$

❷ 大きい長方形の面積から小さい長方形の面
積をひきます。
また、3つの長方形に分けて考えることもでき
ます。
$4×3+(4-3)×2+4×2=22$より、$22m^2$
❸ 長方形の面積から正方形の面積をひきます。
❸ 直角三角形の面積は、直角
三角形を2こ合わせた長方
形の面積の半分と考えます。

（図：方眼に直角三角形）

☝ **たしかめよう！**

そのままでは、長方形や正方形の面積の公式が使えな
い図形でも、長方形や正方形に分けたり、図に線をか
き加えて全体を長方形や正方形にしたりすると、公式
が使えるようになることがあります。

● **そろばん**

88・89 ページ きほんのワーク

きほん1 1、2、6、0、601256207、1、2、
5.12　　　　答え 601256207、5.12

❶ ❶
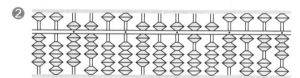
　 ❷

　 ❸　　　　　　　❹

❷ ❶ 51、70　　　❷ 25、112
きほん2 答え 142、34
❸ ❶ 35　　　❷ 100　　　❸ 125
　 ❹ 88　　　❺ 64　　　❻ 98
❹ ❶ 12億　　❷ 8兆　　　❸ 2.1
　 ❹ 10　　　❺ 1.29　　　❻ 2.88

13 小数と整数のかけ算・わり算を考えよう

90・91 ページ きほんのワーク

きほん1 0.4、4、12、12　　　　答え 1.2
❶ ❶ 0.8　❷ 3.5　❸ 2.4　❹ 6.4
きほん2 16、112、112、112、11.2
　 1、1、2 ➡.　　　　答え 11.2

17

② ① 53.6　② 27　③ 58.8　④ 115.2

きほん3 7、6、6、7 ➡.　　　　　　答え 67.2

③ ①
```
      7.6
   ×  24
    3 0 4
   1 5 2
   1 8 2.4
```
②
```
     1 3.8
   ×   8 2
     2 7 6
   1 1 0 4
   1 1 3 1.6
```
③
```
      6 1.4
   ×    3 7
    4 2 9 8
   1 8 4 2
   2 2 7 1.8
```
④
```
    1 1.6
   ×  4 0
   4 6 4.0̸
```

きほん4 2、3、6 ➡.　　　　　　答え 2.36

④ ① 2.76　② 47.44　③ 109.9

てびき
① ① 0.2 は 0.1 の 2 こ分。
2×4＝8 より、0.1 の 8 こ分になります。

② ①
```
      6.7
   ×    8
    5 3.6
```
②
```
      4.5
   ×    6
    2 7.0̸
```
③
```
     1 9.6
   ×     3
     5 8.8
```
④
```
    2 8.8
   ×    4
   1 1 5.2
```

④ ①
```
      0.46
   ×     6
    2.76
```
③
```
     3.14
   ×   3 5
   1 5 7 0
     9 4 2
   1 0 9.9 0̸
```
②
```
     5.93
   ×    8
   4 7.44
```
答えの終わりに
0 がつくときは、
終わりにつく 0
を消します。

92・93 ページ　**きほんのワーク**

きほん1 5.2、52、52、13、13　　　答え 1.3

① ① 2.1　② 1.2　③ 4.3　④ 1.9
⑤ 5.1　⑥ 7.7

きほん2 . ➡ 8、2、4、0　　　　　答え 1.8

② ①
```
      1.5
   5)7.5
     5
     2 5
     2 5
       0
```
②
```
      6.3
   4)2 5.2
     2 4
       1 2
       1 2
         0
```
③
```
      7.4
   6)4 4.4
     4 2
       2 4
       2 4
         0
```

きほん3 1.8、0
3、1、8、0　　　　　　　　答え 0.3

③ ①
```
      0.8
   8)6.4
     6 4
       0
```
②
```
      0.2
   4)0.8
     8
     0
```
③
```
      0.9
   5)4.5
     4 5
       0
```

④
```
        1.2
   1 4)1 6.8
       1 4
         2 8
         2 8
           0
```
⑤
```
        3.5
   2 3)8 0.5
       6 9
       1 1 5
       1 1 5
           0
```
⑥
```
        5.6
   4 7)2 6 3.2
       2 3 5
         2 8 2
         2 8 2
             0
```

きほん4 答え 1.24

④ ①
```
       1.3 2
   4)5.2 8
     4
     1 2
     1 2
        8
        8
        0
```
②
```
       1.0 9
   7)7.6 3
     7
       6 3
       6 3
         0
```
③
```
       5.4 3
   3)1 6.2 9
     1 5
       1 2
       1 2
          9
          9
          0
```

てびき
① 0.1 をもとにして考えます。
① 63÷3＝21 より、0.1 の 21 こ分で 2.1

たしかめよう！
③ わられる数がわる数より小さいときは、商の一の
位に 0 を書き、小数点をうってから計算をします。

94・95 ページ　**きほんのワーク**

きほん1 ÷　9、3　　　　　　答え 19、2.3
① ① 2 あまり 1.6　② 14 あまり 1.4
③ 12 あまり 6.1
きほん2 28、8　5　　　　　　　答え 3.5
② ① 0.55　② 3.05　③ 7.4
きほん3 $\frac{1}{100}$　4、2、4 ➡ 0、3、5、5 ➡ 7
　　　　　　　　　　　　　　　答え 2.7

③ ①
```
       1.9 ̸1
   7)1 3.4
     7
     6 4
     6 3
       1 0
         7
         3
```
②
```
       2.8 ̸4
   1 2)3 4.1
       2 4
       1 0 1
         9 6
           5 0
           4 8
             2
```
③
```
          8
        1.7̸6
   9)1 5.9 2
     9
     6 9
     6 3
       6 2
       5 4
         8
```

きほん4 900、200　　　　　　　答え 4.5
④ 式 270÷180＝1.5　　　　　答え 1.5 倍

てびき
① 筆算は次のようになります。

①
```
     2
   3)7.6
     6
     1.6
```
②
```
      1 4
   4)5 7.4
     4
     1 7
     1 6
       1.4
```
③
```
      1 2
   7)9 0.1
     7
     2 0
     1 4
       6.1
```

また、答えは、たしかめをしておきます。
① 3×2＋1.6 を計算すると、わられる数の
7.6 となって、商やあまりが正しいことがたし
かめられます。

② ①
```
      0.5 5
   6)3.3
     3 0
       3 0
       3 0
         0
```
②
```
        3.0 5
   1 2)3 6.6
       3 6
         6 0
         6 0
           0
```
③
```
      7.4
   5)3 7
     3 5
       2 0
       2 0
         0
```

③ $\frac{1}{100}$ の位で四捨五入します。

---

96 ページ　**練習のワーク**

① ① 16.8　② 110.5　③ 7056
② ① 0.6　② 2.6　③ 0.75
③ ①
```
      2
   4)9.3
     8
     1.3
```
②
```
       3
   2 7)8 8.1
       8 1
         7.1
```

18

たしかめ
$4 \times 2 + 1.3 = 9.3$

たしかめ
$27 \times 3 + 7.1 = 88.1$

4 ❶ 0.4 ❷ 1.9 ❸ 0.8

5 式 $4 \div 10 = 0.4$ 答え 0.4倍

てびき

❶ ❶
$$\begin{array}{r} 2.4 \\ \times\ \ 7 \\ \hline 16.8 \end{array}$$
❷
$$\begin{array}{r} 1.7 \\ \times 65 \\ \hline 85 \\ 102\ \ \\ \hline 110.5 \end{array}$$
❸
$$\begin{array}{r} 78.4 \\ \times\ \ \ 90 \\ \hline 7056.0 \end{array}$$

❷ ❶
$$4\overline{)2.4}\ \ \begin{array}{r} 0.6 \\ \hline 24 \\ \hline 0 \end{array}$$
❷
$$16\overline{)41.6}\ \ \begin{array}{r} 2.6 \\ \hline 32 \\ 96 \\ 96 \\ \hline 0 \end{array}$$
❸
$$32\overline{)240}\ \ \begin{array}{r} 0.75 \\ \hline 224 \\ 160 \\ 160 \\ \hline 0 \end{array}$$

❸ 小数を整数でわるときに、あまりの小数点は、わられる数にそろえてうつことに注意しましょう。

❹ $\frac{1}{100}$ の位で四捨五入します。

❶
$$9\overline{)3.8}\ \ \begin{array}{r} 0.42 \\ \hline 36 \\ 20 \\ 18 \\ \hline 2 \end{array}$$
❷
$$18\overline{)34}\ \ \begin{array}{r} 1.88 \\ \hline 18 \\ 160 \\ 144 \\ 160 \\ 144 \\ \hline 16 \end{array}$$
❸
$$19\overline{)15.92}\ \ \begin{array}{r} 0.83 \\ \hline 152 \\ 72 \\ 57 \\ \hline 15 \end{array}$$

97ページ まとめのテスト

1 ❶
$$\begin{array}{r} 7.2 \\ \times\ \ 3 \\ \hline 21.6 \end{array}$$
❸
$$\begin{array}{r} 0.7 \\ \times 45 \\ \hline 35 \\ 28\ \ \\ \hline 31.5 \end{array}$$
❹
$$\begin{array}{r} 0.36 \\ \times\ \ 16 \\ \hline 216 \\ 36\ \ \\ \hline 5.76 \end{array}$$

❷
$$\begin{array}{r} 5.95 \\ \times\ \ \ 2 \\ \hline 11.90 \end{array}$$

❺
$$7\overline{)9.1}\ \ \begin{array}{r} 1.3 \\ \hline 7 \\ 21 \\ 21 \\ \hline 0 \end{array}$$
❻
$$18\overline{)82.8}\ \ \begin{array}{r} 4.6 \\ \hline 72 \\ 108 \\ 108 \\ \hline 0 \end{array}$$
❼
$$5\overline{)5.12}\ \ \begin{array}{r} 1.024 \\ \hline 5 \\ 12 \\ 10 \\ 20 \\ 20 \\ \hline 0 \end{array}$$

❽
$$8\overline{)0.648}\ \ \begin{array}{r} 0.081 \\ \hline 64 \\ 8 \\ 8 \\ \hline 0 \end{array}$$

2 ❶ 式 $22.5 \div 6 = 3.75$ 答え 3.75 g
❷ 式 $3.75 \times 15 = 56.25$ 答え 56.25 g

3 式 $3.4 \div 12 = 0.2\overset{3}{8}\cdots$ 答え 約 0.3 L

4 式 $32 \div 20 = 1.6$ 答え 1.6 倍

14 分数のしくみを調べよう

98・99ページ きほんのワーク

きほん1 $\frac{6}{5}$、$1\frac{1}{5}$ 答え $\frac{2}{5}$、$\frac{4}{5}$、$1\frac{1}{5}$、$1\frac{3}{5}$

---

❶ $\frac{10}{5}$、$\frac{9}{4}$、$\frac{6}{6}$

きほん2 2、3 答え $2\frac{3}{5}$

❷ ❶ $2\frac{1}{9}$ ❷ 4 ❸ $\frac{53}{10}$

きほん3 $\frac{1}{7}$、$\frac{1}{7}$、$\frac{10}{7}$ 答え $\frac{10}{7}\left(1\frac{3}{7}\right)$

❸ ❶ $\frac{15}{8}\left(1\frac{7}{8}\right)$ ❷ $\frac{24}{9}\left(2\frac{6}{9}\right)$ ❸ $\frac{6}{7}$

きほん4 答え $5\frac{3}{5}\left(\frac{28}{5}\right)$

❹ ❶ $3\frac{5}{7}\left(\frac{26}{7}\right)$ ❷ $5\frac{9}{10}\left(\frac{59}{10}\right)$ ❸ $3\frac{3}{7}\left(\frac{24}{7}\right)$

たしかめよう!

分子が分母より小さい分数（1より小さい分数）を真分数、分子と分母が等しいか、分子が分母より大きい分数を仮分数、整数と真分数の和で表した分数を帯分数といいます。

100・101ページ きほんのワーク

きほん1 $3\frac{2}{5}$ 答え $3\frac{2}{5}\left(\frac{17}{5}\right)$

❶ ❶ $6\frac{2}{6}\left(\frac{38}{6}\right)$ ❷ $4\frac{1}{8}\left(\frac{33}{8}\right)$ ❸ $4\frac{2}{7}\left(\frac{30}{7}\right)$
❹ 6

きほん2 $1\frac{6}{8}$ 答え $1\frac{6}{8}\left(\frac{14}{8}\right)$

❷ ❶ $\frac{8}{9}$ ❷ $1\frac{5}{7}\left(\frac{12}{7}\right)$ ❸ $2\frac{7}{8}\left(\frac{23}{8}\right)$
❹ $3\frac{5}{6}\left(\frac{23}{6}\right)$

きほん3 $\frac{2}{4}$、$\frac{3}{6}$、$\frac{4}{8}$ 答え $\frac{2}{4}$、$\frac{3}{6}$、$\frac{4}{8}$、$\frac{5}{10}$

❸ ❶ 4 ❷ 2 ❸ 6

きほん4 1、5、8 答え $\frac{1}{2}$、$\frac{1}{5}$、$\frac{1}{8}$

❹ ❶ $\frac{4}{4}$、$\frac{4}{5}$、$\frac{4}{6}$ ❷ $\frac{7}{3}$、$\frac{7}{5}$、$\frac{7}{6}$

てびき

❶ ❹ 整数部分と分数部分に分けて計算できます。
$$2\frac{1}{4} + 3\frac{3}{4} = 5\frac{4}{4} = 5 + 1 = 6$$
整数部分に1くり上がることに注意しましょう。

❷ ❹ 4を $3\frac{6}{6}$ と考えます。
$$4 - \frac{1}{6} = 3\frac{6}{6} - \frac{1}{6} = 3\frac{5}{6}$$

102ページ 練習のワーク

❶ ❶ $1\frac{4}{7}$ ❷ 6 ❸ $\frac{43}{8}$ ❹ $\frac{16}{9}$

❷ ❶ < ❷ > ❸ > ❹ >

❸ ❶ $\frac{10}{3}\left(3\frac{1}{3}\right)$ ❷ $\frac{14}{4}\left(3\frac{2}{4}\right)$ ❸ $2\frac{3}{6}\left(\frac{15}{6}\right)$

19

④ $4\frac{5}{9}\left(\frac{41}{9}\right)$　⑤ $4\frac{2}{8}\left(\frac{34}{8}\right)$　⑥ 4

❹ ① $\frac{5}{4}\left(1\frac{1}{4}\right)$　② $2\frac{4}{9}\left(\frac{22}{9}\right)$　③ $1\frac{2}{7}\left(\frac{9}{7}\right)$

　④ $\frac{3}{5}$　⑤ $1\frac{3}{6}\left(\frac{9}{6}\right)$　⑥ $1\frac{6}{10}\left(\frac{16}{10}\right)$

てびき

❶ ② $18\div3=6$ なので、$\frac{18}{3}=6$

❸ ⑤ $1\frac{5}{8}+2\frac{5}{8}=3\frac{10}{8}=4\frac{2}{8}$

　⑥ $2\frac{3}{5}+1\frac{2}{5}=3\frac{5}{5}=3+1=4$

❹ ⑥ $4-2\frac{4}{10}=3\frac{10}{10}-2\frac{4}{10}=1\frac{6}{10}$

103ページ まとめのテスト

1 ① 4　② $2\frac{3}{4}\left(\frac{11}{4}\right)$　③ $2\frac{1}{6}\left(\frac{13}{6}\right)$

　④ $3\frac{4}{5}\left(\frac{19}{5}\right)$　⑤ $5\frac{2}{9}\left(\frac{47}{9}\right)$　⑥ 6

2 式 $\frac{10}{7}+\frac{8}{7}=\frac{18}{7}$　答え $\frac{18}{7}$ L $\left(2\frac{4}{7}L\right)$

3 ① $\frac{14}{9}\left(1\frac{5}{9}\right)$　② $\frac{3}{10}$　③ $1\frac{1}{5}\left(\frac{6}{5}\right)$

　④ $2\frac{3}{8}\left(\frac{19}{8}\right)$　⑤ $\frac{5}{6}$　⑥ $2\frac{3}{4}\left(\frac{11}{4}\right)$

4 式 $5\frac{1}{3}-\frac{2}{3}=4\frac{2}{3}$　答え $4\frac{2}{3}$ km $\left(\frac{14}{3}km\right)$

5 ① $\frac{7}{9}$、$\frac{3}{9}$、$\frac{2}{9}$　② $1\frac{9}{10}$、1、$\frac{9}{10}$

　③ $\frac{13}{3}$、4、$\frac{13}{5}$　④ $\frac{5}{4}$、1、$\frac{5}{6}$

てびき

1 ④ $1\frac{1}{5}+\frac{13}{5}=1\frac{14}{5}=3\frac{4}{5}$

　⑤ $1\frac{7}{9}+3\frac{4}{9}=4\frac{11}{9}=5\frac{2}{9}$

　⑥ $3\frac{7}{12}+2\frac{5}{12}=5\frac{12}{12}=5+1=6$

3 ③ $2\frac{3}{5}-\frac{7}{5}=1\frac{8}{5}-\frac{7}{5}=1\frac{1}{5}$

　⑤ $3-2\frac{1}{6}=2\frac{6}{6}-2\frac{1}{6}=\frac{5}{6}$

　⑥ $4\frac{2}{4}-1\frac{3}{4}=3\frac{6}{4}-1\frac{3}{4}=2\frac{3}{4}$

5 ③ 帯分数になおしてくらべます。

　$\frac{13}{5}=2\frac{3}{5}$、$\frac{13}{3}=4\frac{1}{3}$ です。

　④ $\frac{5}{4}=1\frac{1}{4}$ なので、1 より大きい分数です。

15 箱の形の特ちょうを調べよう

104・105ページ きほんのワーク

きほん1 直方体、立方体、8、12、6

答え あ 8　　い 12　　う 6　　え 8

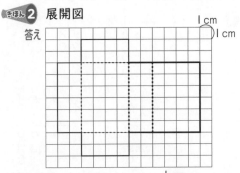

お 12　　か 6

❶ たてが 1cm で横が 4cm の長方形が 2つ
たてが 1cm で横が 5cm の長方形が 2つ
たてが 5cm で横が 4cm の長方形が 2つ

きほん2 展開図

答え

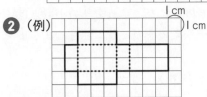

② （例）

3 ① 立方体　② 3cm　③ 頂点G

　④ 辺AB

てびき

3 組み立てて できる立方体は、右の図のようになります。

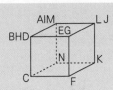

たしかめよう!

直方体の面の形は、長方形または長方形と正方形です。また、立方体の面の形は、すべて正方形です。

106・107ページ きほんのワーク

きほん1 垂直、4、4、平行、う、う

答え AE、BF、CG、DH、
い、え、お、か、
う、
AB、BC、CD、DA

❶ ① 垂直…4　平行…1

② 垂直…4　平行…3

③ 2

きほん2 見取図

答え

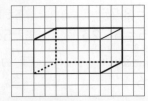

②

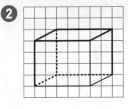

きほん3 3　　　　　　　　　　　　答え4、3

❸ ❶（横へ 2 cm、たてへ 4 cm）
　❷（横へ 6 cm、たてへ 6 cm）

108ページ　練習のワーク

❶ ❶ 直方体　　　❷ 8、12、6
❷ ❶（例）
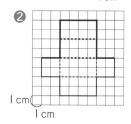
2 cm
2 cm
4 cm

　❷
1 cm
1 cm

❸ ❶ 辺AE、辺BF、辺CG、辺DH
　❷ 辺AB、辺DC、辺HG
　❸ 辺AE、辺BF、辺HE、辺GF

109ページ　まとめのテスト

❶
（図）

❷ ❶ 直方体
　❷（例）
1 cm
3 cm
2 cm

　❸ 3 cm
　❹ 面お
　❺ 辺GH
　❻ 面い、面え、面お、面か
　❼ 面あ、面う
❸ う（横 2、たて 1、高さ 3）
　え（横 4、たて 4、高さ 3）

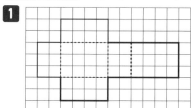
てびき ❷ ❶ 6つの面がすべて長方形です。
❸ 辺IHは辺MNと重なるので、3 cm です。
❹ 面いに向かい合う面は、面おです。

● 4年のふくしゅう

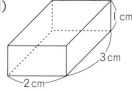
110ページ　まとめのテスト❶

❶ ❶ 三億六千八百四万五千二百九十一

---

　❷ 30000049300000
❷ ❶ 2003005000
　❷ 3.104
　❸ 3.08
❸ ❶ 21000　　　❷ 680000
❹ 真分数… $\frac{5}{8}$
　仮分数… $\frac{7}{5}$、$\frac{9}{3}$、$\frac{6}{6}$、$\frac{23}{7}$
　帯分数… $1\frac{3}{4}$、$4\frac{5}{9}$、$3\frac{1}{2}$
❺ $\frac{4}{7}$、1、$\frac{8}{7}$、$1\frac{5}{7}$、$\frac{16}{7}$
❻ ❶ 19
　❷ 4 あまり 1
　❸ 4 あまり 12
　❹ 3 あまり 161
　❺ 14 あまり 342
　❻ 8 あまり 3000

てびき ❸ がい数で表したい位の 1 つ下の位
の数字を四捨五入します。
❺ 帯分数になおすと、それぞれの分数の大きさ
がわかりやすくなります。
$\frac{8}{7}=1\frac{1}{7}$、$\frac{16}{7}=2\frac{2}{7}$ だから、いちばん小さい
$\frac{4}{7}$ から順にならべます。
また、仮分数になおして大きさをくらべること
もできます。そのときは、分母がすべて同じに
なるので、分子が大きい分数が大きい数になり
ます。
❻

$$5\overline{)95} \quad 19$$
（筆算）

（わり算の筆算）
❶ 19 ÷ 5、❷ 4 ÷ 23、❸ 4 ÷ 24、❹ 3 ÷ 234、❺ 14 ÷ 422、❻ 8 ÷ 8000

111ページ　まとめのテスト❷

❶ ❶ 11.03
　❷ 3.15
　❸ 3.47
❷ ❶ 726
　❷ 16.66
　❸ 0.26

21

③ ❶ 2あまり5.8　　❷ 2あまり8.9
　　❸ 2あまり9.5

④ ❶ $\frac{10}{6}\left(1\frac{4}{6}\right)$　❷ $4\frac{1}{4}\left(\frac{17}{4}\right)$　❸ $2\frac{5}{7}\left(\frac{19}{7}\right)$

⑤ 式 $64\div40=1.6$　　　　　　答え 1.6倍

⑥ ⓐ 138°　　　ⓘ 42°　　　ⓤ 75°

⑦ 式 $(5+15)\times35-5\times15-5\times5=600$
　　　　　　　　　　　　　　答え 600m²

てびき

❶ ❶
$$\begin{array}{r}4.2\\+6.8\,3\\\hline11.0\,3\end{array}$$
❷
$$\begin{array}{r}5.3\,3\\-2.1\,8\\\hline3.1\,5\end{array}$$
❸
$$\begin{array}{r}7\\-3.5\,3\\\hline3.4\,7\end{array}$$

❷ ❶
$$\begin{array}{r}18.15\\\times\quad40\\\hline726.0\cancel{0}\end{array}$$
❷
$$\begin{array}{r}0.476\\\times\quad35\\\hline2380\\1428\\\hline16.660\cancel{0}\end{array}$$
❸
$$\begin{array}{r}0.26\\28\overline{)7.28}\\5\,6\\\hline1\,68\\1\,68\\\hline0\end{array}$$

❸ ❶
$$\begin{array}{r}2\\7\overline{)19.8}\\14\\\hline5.8\end{array}$$
❷
$$\begin{array}{r}2\\14\overline{)36.9}\\28\\\hline8.9\end{array}$$
❸
$$\begin{array}{r}2\\27\overline{)63.5}\\54\\\hline9.5\end{array}$$

❹ ❷ $1\frac{2}{4}+2\frac{3}{4}=3\frac{5}{4}=4\frac{1}{4}$

　❸ $4\frac{2}{7}-1\frac{4}{7}=3\frac{9}{7}-1\frac{4}{7}=2\frac{5}{7}$

❻ 計算は、次のようになります。
　ⓐ 一直線の角の大きさは180°だから、
　　$180°-42°=138°$
　ⓘ $180°-138°=42°$
　ⓤ $30°+45°=75°$

112ページ　まとめのテスト❸

① ❶ 頂点L
　❷ 辺IH
　❸ 面ⓔ
　❹ 面ⓐ、面ⓘ、面ⓔ、面ⓕ

② ❶ 26
　❷
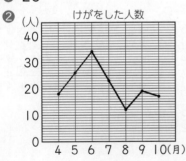
けがをした人数

③ ⓐ 9　　　　　ⓘ 28
　ⓤ 0　　　　　ⓔ 11
　ⓞ 1　　　　　ⓚ 2
　� 21　　　　ⓤ 27
　ⓚ 78
　❶ 小鳥
　❷ 西店

てびき

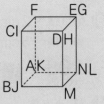

❶ 問題の展開図を
組み立てると、右のような
直方体ができます。

```
       F        EG
   CI ┌────────┐
      │    DH  │
      │        │
   AK └────────┘ NL
   BJ       M
```

❷ ❶ たてのじくの1目もりは1人です。
　❷ 7月から後の月の人数を表すところに点を
うち、点を直線でつなぎます。
❸ たてや横の数の合計から、あいている場所の
数をうめていきます。

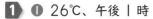 **実力判定テスト** 答えとてびき･･････････････

夏休みのテスト①

1 ❶ 26℃、午後１時
❷ 午後２時と午後３時の間
❸ 午前９時と午前10時の間

2 ❶ 19　　　　　❷ 17あまり1
❸ 12あまり5　❹ 60
❺ 100あまり5　❻ 50あまり7

3 ❶ 六十一億八千二百五十七万九百四十七
❷ 三十七兆四千三百十一億千五十二万

4 ❶ 300°　❷ 145°　❸ 30°

5 ❶ 150円のりんご４こを30円の箱に入れて買うときの代金　　　　代金630円
❷ 150円のりんごと200円のなしを１こずつ30円の箱に入れて４箱買うときの代金
　　　　　　　　　　　代金1520円

6 ㋕ 110°　㋖ 70°　㋗ 70°

 てびき　　**4** ❶ 180°より大きい角度をはかるときは、180°より何度大きいかをはかるか、360°より何度小さいかをはかるかなどのくふうをします。

夏休みのテスト②

1 ❶ 7人　　❷ 9人　　❸ 10人

2 ❶ 19あまり2　❷ 240
❸ 254　　　　　❹ 90あまり4

3 ❶ 7000000000000
❷ 14000000000000

4 しょうりゃく

5 ❶ 33　　❷ 86　　❸ 5712
❹ 3100

6 ❶ 3こ　　❷ 1こ　　❸ 8こ

てびき　　**1** ❶ クロールのできない人の合計の10人から、クロールも平泳ぎもできない３人をひいて求めます。
❷ 平泳ぎのできる人の合計の16人から、❶の人数をひいて求めます。
❸ クラス全員の26人から、平泳ぎのできる16人をひいて求めます。
6 ❶ 四角形ABCD、四角形ABGE、四角形EGCDの３こが長方形です。
❷ 四角形EFGHは、辺の長さがすべて等しいことから、ひし形です。

冬休みのテスト①

1 ❶ 350000　　❷ 50

2 ❶ 3　　　　　❷ 26あまり22
❸ 5あまり20　❹ 9

3 ❶
買う数（こ）	1	2	3	4	5
代金（円）	120	240	360	480	600

❷ 120×○＝△
❸ 1440円

4 式 64÷8＝8　　　　　答え 8m

5 ❶ 3.72　❷ 5.9　　❸ 30.98
❹ 3.21　❺ 2.172　❻ 6.641

6 ❶ 式 20×10＋(20−10)×20＝400
　　　　　　　　　　　答え 400㎡
❷ 式 20×10＋(12−5)×(30−10×2)＋12×10＝390　　答え 390cm²

 てびき　　**1** 先に四捨五入してから計算します。
6 ❷ たての線をひいて３つに分けると、たての長さがそれぞれ20cm、12−5＝7(cm)、12cmで、横の長さが10cmの長方形になります。

冬休みのテスト②

1 約30kg

2 ❶ 14あまり6　❷ 14あまり21
❸ 10あまり12　❹ 120

3 ❶
1辺の長さ（cm）	1	2	3	4	5
まわりの長さ(cm)	3	6	9	12	15

❷ □×3＝○
❸ 36cm
❹ 48cm

4 式 117÷65＝1.8　　　　答え 1.8倍

5 ❶ 7.5　　❷ 4.007　❸ 24.12
❹ 11.9　❺ 0.582　❻ 3.983

6 式 0.485＋1.8＝2.285　答え 2.285kg

7 式 36×50＝1800　答え 1800m²、18a

てびき　　**4** もとにする大きさの何倍かを求めるときは、わり算を使います。この問題のように、小数の倍になることもあります。
6 単位をそろえてから計算します。1.8kgを1800gと考えて、485＋1800＝2285より2.285kgとすることもできます。

学年末のテスト①

1 式 114÷3=38 　　　　　　　答え 38 こ

2 ❶ 十億の位 　　❷ 1億
　　❸ 上から2けた…4300000000
　　　一万の位………4250360000

3
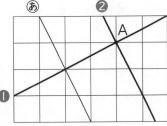

4 ❶ 7.13 　　❷ 1.06 　　❸ 5.26
　　❹ 5.57

5 ❶ 25.8 　　❷ 25.12 　　❸ 2501.6
　　❹ 1.85 　　❺ 2.6 　　❻ 0.83

6 式 $\frac{11}{8}-\frac{3}{8}=1$ 　　　　　　答え 1kg

7 ❶ 面⓪ 　　❷ 辺AD、辺AE 　　❸ 3

> **てびき**　**7** ❸ 辺ABに平行な辺は、辺DC、
> 辺HG、辺EF です。

学年末のテスト②

1 ❶ 5℃、1月 　　❷ 5月と6月の間
2 ❶ 75° 　　❷ 60°
3 しょうりゃく
4 ❶ 600 　　❷ 100
5 式 10×7+(8+10)×10+10×8=330
　　　　　　　　　　　　　　答え 330cm²
6 式 17.5÷3=5 あまり 2.5
　　　　　答え 5 ふくろできて、2.5kg あまる。
7 ❶ 2 　　❷ $5\frac{1}{4}\left(\frac{21}{4}\right)$
　　❸ $\frac{4}{8}$ 　　❹ $1\frac{3}{7}\left(\frac{10}{7}\right)$
8 （例）

> **てびき**　**5** 10×25+8×10=330と考える
> こともできます。
> **6** あまり<わる数で、わる数×商+あまり
> を計算すると、3×5+2.5=17.5となって、
> 商やあまりが正しいことがわかります。

まるごと 文章題テスト①

1 式 137÷6=22 あまり 5
　　　22+1=23 　　　　　　答え 23 台
2 20549
3 式 481÷13=37 　　　　　答え 37 まい
4 式 14×6=84 　　　　　　答え 84 まい
5 式 128÷16=8 　　　　　　答え 8m
6 ❶ 式 5.4+2.28=7.68 　　答え 7.68 L
　　❷ 式 5.4−2.28=3.12 　　答え 3.12 L
7 ❶ 式 47.7÷9=5.3 　　　　答え 5.3g
　　❷ 式 5.3×16=84.8 　　　答え 84.8g
8 式 $2\frac{5}{7}+\frac{3}{7}=3\frac{1}{7}$ 　　答え $3\frac{1}{7}$L$\left(\frac{22}{7}\text{L}\right)$

> **てびき**　**1** あまりの5人がすわるための長い
> すが必要です。
> **2** 一番小さい数は20459です。2番目が
> 20495、3番目が20549になります。
> **8** $2\frac{5}{7}+\frac{3}{7}=\frac{19}{7}+\frac{3}{7}=\frac{22}{7}$より、
> $\frac{22}{7}$Lとすることもできます。

まるごと 文章題テスト②

1 式 276÷8=34 あまり 4
　　　　　　答え 34 本とれて、4cm あまる。
2 式…(670+260)÷3=310 　答え…310 円
3 約 6000 円
4 式 735÷36=20 あまり 15
　　　　　　答え 20 まいになって、15 まいあまる。
5 式 30÷24=1.25 　　　　　答え 1.25 倍
6 ゴム⓪
7 式 0.64+3.52=4.16 　　　答え 4.16kg
8 式 300×300=90000 　　答え 900a、9ha
9 式 5.2÷24=0.21⑥… 　　答え 約 0.22 L
10 式 $4-\frac{2}{3}=3\frac{1}{3}$ 　　答え $3\frac{1}{3}$km$\left(\frac{10}{3}\text{km}\right)$

> **てびき**　**6** ゴム⓪…120÷40=3
> 　　　　　　ゴム⓪…100÷20=5
> ゴム⓪はもとの長さの5倍のびます。
> **8** 10000m²=100a=1ha
> **9** 上から2けたのがい数にするので、上から
> 3けた目を四捨五入しますが、一の位が0な
> ので、$\frac{1}{1000}$の位の数字を四捨五入します。